人工智能 导论

Introduction to Artificial Intelligence

宾峰 袁超 ◎ 主编

钟广 文晨 雷成 谭振升 ◎ 参编

中南大学出版社
www.csupress.com.cn

·长沙·

前 言 ◀ Foreword

随着人工智能的不断发展，人们的生活方式，价值观念发生了深刻改变，它已经渗透到我们生活的方方面面，被广泛应用于各个领域，对社会产生了深远影响。它极大地改善了人们的生活条件，提高了生产效率和社会管理水平，推动了经济发展。人工智能可以帮助我们解决复杂的问题，提供更精准的服务，帮助我们更好地理解世界，提高我们的学习效率，促进我们的创新思维，提供更便捷的交流方式，改善我们的生活，提升我们的工作效率，推动社会的进步。

人工智能是一门非常复杂的学科，需要系统性地学习才能掌握。人工智能涉及计算机科学、数学、统计学、神经科学、心理学等多个学科，需要学习的内容非常多。因此，为了更好地理解人工智能，我们需要一本专门介绍人工智能的书籍。本书系统地介绍了人工智能的基本概念、技术和应用，可帮助我们全面掌握人工智能的专业知识，从而更好地理解人工智能，更好地利用人工智能技术来解决实际问题。

本书首先介绍了人工智能的基础知识，系统地讲解了人工智能的基本概念、发展历程、技术分类、应用领域等，使读者对人工智能有一个全面的认识和理解。接着重点介绍了人工智能技术的几大分支，如机器学习、人工神经网络、深度学习、机器视觉、自然语言处理、智能机器人和语音处理技术等，并详细解释了这些技术的基本原理、应用范围、优势和局限性等，帮助读者更好地理解和掌握这些技术。

由于本书参与编写的人员水平有限，书中难免有不足和浅薄之处，愿广大读者不吝赐教，对本书的不足之处予以指正。

本书由以下项目共同资助：

（1）国家自然科学基金青年项目：气体中局放激发电磁波数值仿真驱动的特高频天线正交试验优化（No. 52307157）。项目主持人：宾峰。

（2）2023 年长沙理工大学教学改革研究项目：本科生创新创业能力培养工程行动计划（No. XJG23-074）。项目主持人：宾峰。

（3）2023 年长沙理工大学学位与研究生教学改革研究项目：学科竞赛过程中研究生创新思维培养的实践与探索。项目主持人：宾峰。

作者
2023 年 10 月

目录 ◁◀ Contents

第1章 机器学习

1.1 概述

机器学习是计算机利用数据和算法来模拟人类学习的过程，以不断提高自身性能的人工智能(AI)和计算机科学的子领域。机器学习的目的是通过自动地从数据中学习并构建模型，来对未知数据进行预测。它能使机器从复杂的现有数据中发现规律，以预测未来的情况和趋势。

作为人工智能领域中的一个重要分支，机器学习在近些年发展十分迅猛，在许多领域取得了惊人的进展。机器学习技术目前已经被广泛地运用于自然语言处理、图像识别、语音识别、推荐系统、自动驾驶汽车等方面。随着大数据的持续增长，市场对数据科学家的需求也水涨船高，在机器人、金融商务、军事、气象、通信、智能家居、游戏等领域也占据着重要地位，在天气预报、股票预测、用户流失预警、射击游戏辅助瞄准、防电信诈骗等方面发挥了重大作用。

此外，还有一种被称为强化机器学习的模型，它通过不断试错进行学习，通过强化一系列成功结果，为特定问题开发最佳建议或策略。

1.1.1 什么是机器学习

机器学习是一种多领域交叉科学，它研究如何让计算机从数据中获取规律和知识。目的是使计算机能够模仿人类的学习和行为，通过观察和与环境交互的方法，自主地改善自己的性能。

所谓机器学习，就是通过研究人类学习的方式及其特点，找出可以应用于计算机的学习方法和规律，从而改进计算机的行为和运算模式，提高计算机解决问题的速度与能力。用一句话来说就是机器学习研究的是怎么样使计算机学会人类的学习方式从而可以更好地帮助人们解决问题。机器学习可以分为不同的类型，根据学习方式的不同，有监督学习、无监督学习、半监督学习和强化学习等；根据学习目标的不同，可分为分类、回归、聚类、降维、关联规则挖掘、异常检测等。它有很多不同的方法和算法，如决策树、神经网络、支持向量机、贝叶斯网络、集成学习等。这些方法和算法都有各自的优缺点，适用于不同的问题和数据。

机器学习已经用于各个领域，如搜索引擎、推荐系统、自然语言处理、计算机视觉、生物信息学、金融分析等。机器学习可以帮助我们发现数据中的模式和知识，提高系统的智能水平和适应能力。

机器学习也面临着一些挑战和局限性，如数据质量和数量、过拟合和欠拟合、可解释性和可靠性等。研究人员需要不断探索新的方法来解决这些问题，并提高对机器学习的理论和实践水平。机器学习方法如图 1.1 所示。

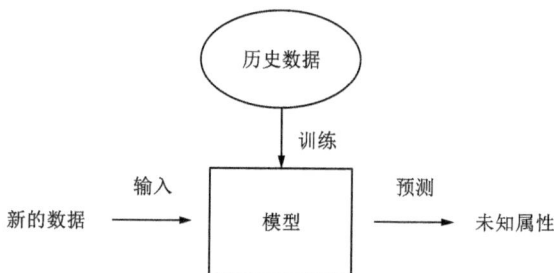

图 1.1　机器学习方法

机器学习就像是让计算机自动建立一个对应函数，将事物间复杂的映射关系通过计算机自动地总结构成一个函数。当我们输入一个数据给计算机，它会通过这个函数得到我们所需要的对应输出，它使计算机系统能够从数据中学习并改进性能，而无须进行明确的编程。在机器学习中，算法会对输入数据进行分析，识别出其中的模式，然后使用这些模式来对新数据进行预测或决策。

1.1.2　机器学习的发展

机器学习是一门研究如何让计算机从数据中学习规律和知识的科学。机器学习涵盖的内容是多方面的，包括技术、算法、应用和理论等。

机器学习技术实际已经发展了好几个阶段，早在 20 世纪 50 年代人们就开始给计算机编写程序来进行逻辑推理从而让计算机学习人类的思考方式，但是仅有逻辑推理是不能让计算机变得智能化的，这样的机器学习方法完全不足以满足人们的需要。学者们研究发现，要想让计算机变得智能化首先需要获取大量的先验知识。

到了 20 世纪 60 年代中叶，人们将多个领域的知识融入系统中，但对于大量不同的新知识新信息还无法进行完全的规律总结，学者们开始意识到学习是一个长期的过程，要让计算机学会自己主动学习。

到 20 世纪 80 年代中叶，机器学习开始成为一门独立的学科，在世界范围内开展机器学习的研究。机器学习结合各领域知识不断发展应用，结合心理学、神经生理学、数学、计算机科学、生物学、自动化等学科产生了大量分支，例如：自动驾驶、智能语音识别、图像识别等。

随着数据量和计算能力的提高，机器学习模型的规模和性能也在不断提升。例如，深度学习模型可以处理图像、语音、文本等复杂数据，并在多个任务上实现泛化和迁移。未来，机器学习模型将朝着更高效、更智能、更灵活的方向发展，能够处理多种数据模态和数千甚至数万个任务。

为了降低机器学习的计算成本和能源消耗，研究人员正从多个方面优化机器学习的效率，包括硬件、软件、算法和模型等。例如，使用专门设计的机器学习加速器，使用自动化编译器，使用神经架构搜索，使用稀疏性技术等。

为了保护用户数据的隐私和安全，以及满足用户个性化的需求，研究人员正在探索新的机器学习方法和技术使机器学习变得更具个性化，对社区也更有益。例如，使用联邦学习，使用差分隐私，使用元学习等。

机器学习已经广泛应用于各个领域，如搜索引擎、推荐系统、自然语言处理、计算机视觉、生物信息学、金融分析等，机器学习对科学、健康和可持续发展的影响越来越大。未来，机器学习将在更多的领域发挥重要作用，如医疗、金融教育、环境等。

1. 医疗保健

在医疗保健领域，机器学习可以帮助医生更准确地诊断疾病，预测疾病的发展趋势，并制订个性化的治疗方案。例如，通过分析患者的基因组数据，机器学习可以帮助医生预测患者患有某种疾病的风险。

2. 金融

在金融领域，机器学习可以帮助银行和其他金融机构更准确地评估客户的信用风险，预测市场趋势，并优化投资策略。例如，通过分析客户的消费行为和信用记录，机器学习可以帮助银行预测客户是否有违约的风险。

3. 教育

在教育领域，机器学习可以帮助教师更好地了解学生的学习情况，预测学生的学习成绩，并制订个性化的教学方案。例如，通过分析学生的学习行为和成绩，机器学习可以帮助教师预测学生是否有挂科的风险。

4. 交通

在交通领域，机器学习可以帮助城市规划者更准确地预测交通流量，优化交通路线，并提高交通效率。例如，通过分析历史交通数据和天气信息，机器学习可以帮助城市规划者预测未来的交通流量。

5. 娱乐

在娱乐领域，机器学习可以帮助游戏开发者更好地理解玩家的行为，优化游戏设计，并提高玩家的游戏体验。例如，通过分析玩家的游戏行为和反馈信息，机器学习可以帮助游戏开发者预测玩家是否会喜欢某种游戏。

随着技术的发展和应用领域的扩大，我们期待看到更多创新和突破。然而，我们也必须意识到，在挖掘这些潜力的同时，我们也需要解决一些重要问题，如数据隐私、算法公平性和透明度等。只有这样，我们才能确保机器学习能够在尊重人权和保护个人隐私的同时，为社会带来最大的利益。

机器学习不仅是一门独立的科学，也是一种强大的工具，可以与其他学科(如数学、物理、生物、医学、社会科学等)进行交叉融合，从而催生新的知识和应用。机器学习可以借鉴其他学科的理论和方法，也可以为其他学科提供数据分析和模型构建的方法。机器学习与其他领域的交叉融合需要克服语言、文化、思维等方面的障碍，建立有效的沟通和合作机制。

需要对机器学习进行更深入和更广泛的理解。随着机器学习技术的发展，出现了一些新的挑战和问题。例如，机器学习模型可能存在偏见、不公平、不可解释等问题。因此，研究人员需要不断探索新的方法来解决这些问题，并提高对机器学习的理论和实践的水平。

1.1.3 机器学习的分类

机器学习研究方法有很多种，而目前机器学习正处于高速发展的时期，学术界不断提出新的想法、新的思路，所以现在还不能够系统、完整地对所有机器学习方法进行分类，只能暂时将一些运用比较广泛的机器学习方法进行分类(图 1.2)。

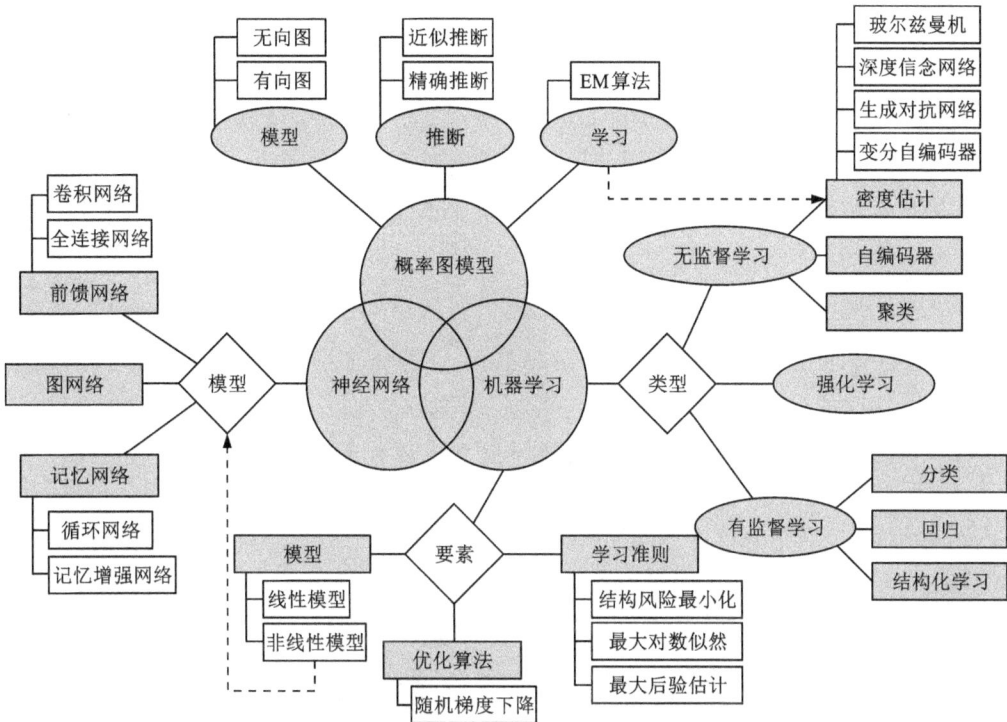

图 1.2　机器学习分类

目前比较主流的机器学习分类方法有以下几种。

（1）根据系统的反馈来分，我们把机器学习分为有监督学习、无监督学习和强化学习。

有监督学习（Supervised Learning）是指我们给出输入数据和其对应的标准输出结果，计算机在学习中可以明确地知道目前学习结果与实际标准输出结果的差距，然后不断学习改进输入和输出之间的对应方法，使其得到的结果与标准结果差距尽可能地变小。当计算机通过不断地学习改进和优化输入输出间的对应方法，使得到的结果与标准结果间的差距趋于稳定或者收敛，计算机就通过学习得到了一个对应的模型，新输入的数据可以经过该模型的计算匹配出相对应的输出数据。有监督学习一般可以用来解决预测和分类等问题。

无监督学习（Unsupervised Learning）是指我们在计算机进行学习之前只给出输入数据，不给出对应的标准输出结果，由学习模型中所设定的条件对学习中所得出结果的差距进行判定，直至该差距稳定或收敛。无监督学习可以用来解决聚类等问题。

强化学习（Reinforcement Learning）是一种介于有监督学习和无监督学习之间的学习方法，强化学习模型在学习中不能明确地知道输入数据的标准输出结果，但可以通过与环境进行交互从而对当前学习结果进行奖赏或惩罚，从环境中的反馈信息来学习以获得最大的奖赏从而优化模型参数。强化学习多用于机器人控制和棋类竞技等。

(2)根据学习方法来分,有归纳学习、范例学习、类比学习、分析学习、演绎学习,等等。

归纳学习(Inductive Learning)是指在大量的正例反例中研究归纳出一般性的概念,这个概念可以解释已有的例子并能预测新出现的例子。归纳学习的目的是找出事物的共性,通过学习把事物泛化从而发现事物间新的规律,是计算机模拟人类的重要体现。

演绎学习(Deductive Learning)是通过一系列的数学运算和逻辑推理等方式构建系统的学习方法,按照常规逻辑推理来得出。

类比学习(Learning by Analogy)是在较为相似的事物之间进行比较得出的学习方法,类比学习分成总结归纳问题的共性和推理得出问题的新规律两个部分,类比学习是归纳学习和演绎学习的结合。

(3)根据学习策略来分,有模拟人脑学习和数学方法学习。

1.2 回归算法

回归算法是一种预测型的建模方法,它探究的是目标变量(因变量)和预测变量(自变量)之间的关系。这种方法常用于预测分析、时间序列分析以及找出变量之间的因果联系。例如,要研究司机驾驶的危险程度和道路交通事故发生率之间的关系,回归算法就是最合适的方法。

回归算法是机器学习算法中应用非常广泛的分析方法,回归算法注重发掘变量间的变化规律,然后用回归方程来描述变量之间的变化关系,凸显变量受一个或者多个其他变量的影响程度,是机器学习中经常使用的一种数据统计方法,应用领域十分广泛。

回归算法的发展路径与之相似,随着数据量和数据种类的逐渐增加,也就是"内力"的逐渐增强,人们对招式杀伤力的需求也不断增长,算法也朝着日益复杂和精准的方向发展。近年来,决策树回归、随机森林回归、LASSO回归、岭回归、ElasticNet回归、XGBoost回归等逐步取代"古早"的线性回归、多项式回归、SVR回归和ANN回归,占据回归算法类的"大片江山"。

回归算法常用于景区流量分布预测、网络影响力预测等,通过分析入园人数情况、景区观光车乘坐情况、各场馆参观人数,等等,回归算法可以对入园游客流量进行预测和分析,从而更加合理地分配景区资源,精准调度观光车、安保人员、清洁人员、物资补给等,提升景区服务工作效率。

回归算法大致可以分为逻辑回归算法(Logistic Regression)和线性回归算法(Linear Regression)等。

1.2.1　线性回归算法

线性回归包括一元线性回归和多元线性回归,一元线性回归只有 1 个自变量和 1 个因变量,自变量乘以常量再加上 1 个常量得到输出的因变量,自变量和因变量之间的关系大致可以表示成一条直线,称为一个简单的线性回归分析。而多元线性回归是多个自变量对应一个因变量,将自变量分别乘以常量再相加得到输出的因变量。在运用回归算法解决问题时,样本数据分布在空间中一条线的附近,这样我们就可以把自变量和因变量之间的对应关系用一个线性函数大致表示出来。

设线性方程组

$$y^{(i)} = \boldsymbol{\theta}^{\mathrm{T}} \boldsymbol{x}^{(i)} \tag{1.1}$$

用线性回归方法分析问题时,$\boldsymbol{x}^{(i)}$ 是自变量矩阵,$\boldsymbol{y}^{(i)}$ 是预测值向量。对于给定的自变量样本和因变量样本,我们要做的是找到一个合适的向量 $\boldsymbol{\theta}^{\mathrm{T}}$ 来使因变量样本线性分布在预测值附近(图 1.3)。

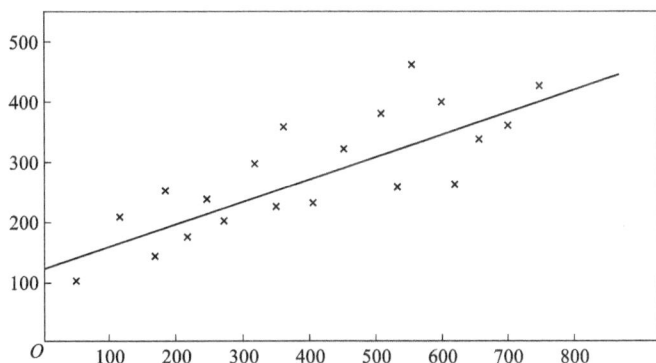

图 1.3　线性回归示意图

1.2.2　逻辑回归算法

逻辑回归算法主要用于解决二分类或者二项分布问题,也用于解决多分类问题。逻辑回归是一种分类方法,其模型是一个线性分类器。

在线性回归中,函数的取值呈一条直线分布,而我们想要得到 0 或 1 的取值,因此我们使用逻辑函数(Sigmoid)(图 1.4)

$$g(z) = \frac{1}{1+\mathrm{e}^{-z}} \tag{1.2}$$

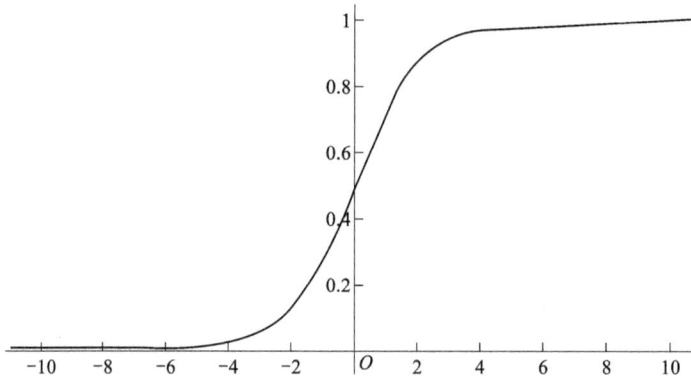

图 1.4 逻辑回归示意图

来调整函数的取值, 将取值控制为 0 或 1, 使其可以更好地满足我们的二分类。
将式(1.3)

$$y = g(\theta^{\mathrm{T}} x) = \frac{1}{1 + e^{-\theta^{\mathrm{T}} x}} \tag{1.3}$$

变形得到

$$\ln \frac{y}{1-y} = \theta^{\mathrm{T}} x \tag{1.4}$$

式(1.4)我们可以把问题清楚地分成两类, 将 y 看作样本 x 为正例的概率, $1-y$ 看作样本 x 为反例的概率, 正例与反例的比值几率(odds)为 $\frac{y}{1-y}$, 所以 $\ln \frac{y}{1-y}$ 被称为对数几率。对数是线性的, 因此逻辑回归模型是个对数线性模型。

设 p 为事件发生的概率, 将 y 看作类后验概率估计得到

$$p(y=1 \mid x) = y \tag{1.5}$$

$$p(y=0 \mid x) = 1-y \tag{1.6}$$

接下来根据伯努利分布得到似然函数

$$L(w) = \prod [p(x_i)]^{y_i} [1-p(x_i)]^{1-y_i} \tag{1.7}$$

式(1.7)两边同时取对数, 写成对数似然函数以方便求解

$$l(w) = \lg L(w) = \sum \{ y_i \ln p(x_i) + [1-y_i] \ln (1-p(x_i)) \} \tag{1.8}$$

接下来用梯度下降算法来求解最优参数, 我们在 $l(w)$ 中对 w 求一阶导数得到梯度, 沿着梯度下降的方向, 以迭代的方式进行参数优化从而得到最优参数。

$$g_i = \frac{\partial l(w)}{\partial w_i} = [p(x_i) - y_i] x_i \tag{1.9}$$

$$w_i^{k+1} = w_i^k - \alpha g_i \tag{1.10}$$

1.3　决策树

决策树模型研究开始于 1943 年,美国神经生理学家沃伦 · 麦卡洛克(Warren McCulloch)和数学家沃尔特 · 皮茨(Walter Pitts)提出了一种神经元的形式化模型,即 M-P 模型。这个模型用数学和逻辑形式来描述神经元的激活和连接,是人工神经网络的原型,它既可以用于解决分类问题,也可以用于解决回归问题。它是一种树形结构,通常是二叉树,也可以是多叉树。

决策树学习本质上是从训练数据集中总结出的一组分类规则。能够正确分类训练数据的决策树可能有多个,也可能没有。在选择决策树时,应该选择一个与训练数据冲突较少的决策树,同时具有很好的泛化能力。

1.3.1　决策树表示方法

我们以一个奶茶选择问题为例,其每个输入样本包含价格、味道、基底、温度 4 个属性,价格属性包括便宜和贵,味道属性包括甜和酸,基底属性包括茶底和奶底,温度属性包括冰和热(图 1.5)。

样本	价格	味道	基底	温度	是否购买
1	贵	甜	茶底	冰	不买
2	便宜	甜	茶底	热	不买
3	便宜	甜	奶底	冰	买
4	贵	甜	奶底	冰	不买
5	便宜	酸	奶底	热	不买
6	便宜	酸	茶底	热	不买
7	便宜	酸	茶底	冰	买

图 1.5　决策树训练数据图

我们将这样的样本作为决策树的训练数据,是否购买是决策树的分类结果,我们利用该样本构建决策树(图 1.6)。

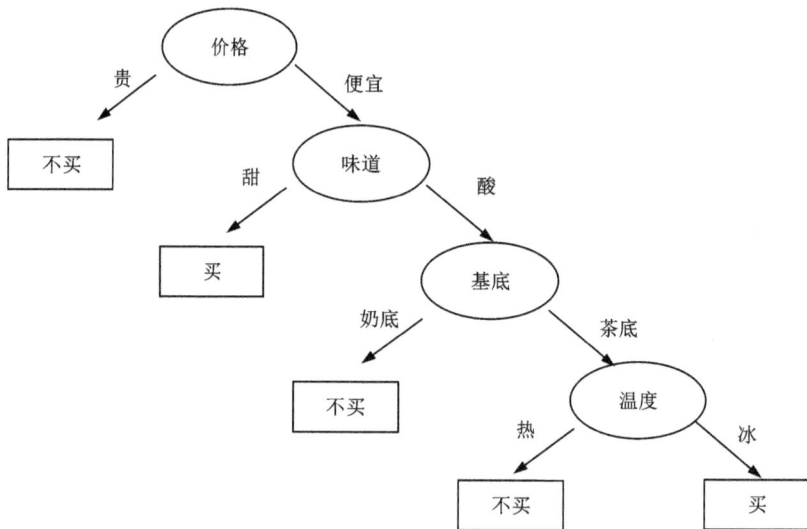

图 1.6　决策树模型图

1.3.2　ID3

ID3 算法是一种用于构建决策树的机器学习算法,它基于信息熵和信息增益的概念,选择最能区分数据集的属性作为节点,递归地划分数据集,直到所有的数据都属于同一类别或者没有更多的属性可以选择。ID3 算法是由 Ross Quinlan 于 1986 年提出的,它是一种贪心算法,也是 C4.5 算法和 CART 算法的前身。其工作原理如下:

(1)以原始集合作为根节点开始。

(2)它会在每个循环中,检查集合里所有未选的属性,并计算它们的熵或信息增益值。

(3)挑选熵值最小(或信息增益值最大)的属性。

(4)根据所选属性将集合分割或划分为数据的子集(例如,可以根据人口的子集将节点分割为子节点,这些子集的年龄分别为小于 50 岁,介于 50 岁和 100 岁之间,以及大于100 岁)。

(5)算法继续在每个子集上递归,只考虑以前从未选择过的属性。

决策树是由每个内部节点代表选中属性(即用来划分数据的属性),每个叶节点代表该分支最后子集的类别标签,它是在整个算法过程中构建的。

ID3 算法是用信息增益来挑选划分数据的特征,适合离散型数据,然后不断递归地建立决策树。ID3 是一种贪婪的方法,它在每一步都试图找到能带来最大信息增益的属性。

1.3.3　决策树算法容易出现的问题

决策树算法是一种非常有效的分类方法，但是在实际应用中，可能会遇到以下问题。

1. 过拟合

决策树可能会过度拟合训练数据，导致在新的、未见过的数据上表现不佳。这通常是因为决策树过于复杂，尝试去捕捉训练数据中的每一个细节。通常决策树过拟合问题可以通过剪枝提前停止树的构建来设定决策树深度、叶节点大小等条件；增加数据量；调整决策树的复杂度限制决策树的深度、叶节点的数量；用交叉验证准确地估计模型的泛化能力等方法解决。

2. 选择最佳特征的问题

决策树需要解决的一个重要问题是如何从数据集中找出最佳分枝。如果一不小心把重要的特征排到了后面，那么决策树会很低效。如果某个特征对分类结果的影响很小，那么我们可以选择忽略这个特征。这个特征就被认为是没有分类功能的无用特征。一种常见的选择特征的方法是算出某个特征的信息增益，然后比较其信息增益的大小，信息增益越大说明它对分类结果的影响越大。

3. 处理连续特征和缺失值

处理连续特征时我们可以用二分法将连续型特征的取值按照一定的规则进行二分，将其转化为离散型特征，也可以使用多分法将连续型特征的取值分成多个区间，每个区间作为一个离散型特征值。处理缺失值时我们可以忽略这些缺失的样本或把缺失的样本按照无缺失的样本被划分的子集样本个数的相对比率，分配到各个子集上去。

4. 不稳定性

决策树可能对数据小的变化非常敏感，即使是微小的数据变化也可能导致生成完全不同的树。所以我们应该使用集成算法构建多个决策树并结合它们的预测结果来提高预测的稳定性和准确性。

5. 不能很好地处理线性可分问题

决策树的决策边界是与坐标轴平行的，因此对于线性可分的数据集，决策树可能不是最好的选择。对于线性可分问题我们最好使用其他线性模型以取得更好的结果。

6. 处理高维数据的困难

当数据的维度很高时，决策树的性能可能会下降，因为在高维空间中找到有用的分割是非常困难的。我们可以通过增加数据集、特征选择或主成分分析（PCA）、线性判别分析（LDA）等方式降维。

尽管存在这些问题，但决策树仍然是一种非常流行的机器学习算法，因为它们易于理解和解释，可以处理非线性关系，并且实现起来相对简单。此外，通过一些技术（如剪枝、随机森林等）可以有效地解决过拟合和不稳定性等问题。

1.4 聚类

聚类问题在机器学习中属于无监督学习的典型代表，在复杂数据的智能分析、多种模式下的智能识别等许多方面得到了广泛应用。聚类问题可以看作数学中的集合分割问题。

聚类分析在许多领域都有广泛的应用，包括机器学习、数据挖掘、模式识别、图像分析、信息检索、生物信息学、地理信息系统等。它可以用于发现数据中的自然分组，识别异常值，预测新数据点的类别等。

聚类算法有很多种，包括划分方法（如 k-means）、层次化方法（如 AGNES）、基于密度的方法（如 DBSCAN）、基于网格的方法（如 STING）等。这些算法各有优缺点，适用于不同类型和规模的数据集。

在进行聚类分析时，需要考虑许多因素，如选择合适的距离度量、确定聚类数量、处理噪声和异常值等。此外，评估聚类结果的质量也是一个重要环节。常用的评估指标包括轮廓系数、Davies-Bouldin 指数等。

总的来说，聚类分析是一种强大而灵活的工具，可以帮助我们理解和解释数据。然而，它要求我们具备专业知识和经验才能正确使用。因此，在实际应用中，我们需要根据具体情况选择合适的算法和参数，并对结果进行仔细的解释和验证。

聚类是一种常见的用来作数据分析的方法，它的目的是把大量的数据通过算法划分为几个类别，让同一类别的数据都尽可能地相似，而不同类别的数据尽量不相似。将相似的对象归入同一类，这个过程称为聚类。通过这种方式，我们可以在海量数据里发现一些内在的联系。比如，我们可以根据购物行为把客户分成几类，找出类似的购物模式。

1.4.1 聚类算法的分类

聚类算法主要可以分为以下几类。

1. 划分样式的聚类法(partition-based methods)

这种方法需要我们事先确定这个簇类的数量或者聚类中心,经过我们不断地迭代,一直到它的结果最终达到"簇内的那些点尽可能近,簇间的那些点尽可能地远"这个目标。经典的聚类划分法包括 k-means 和它的改进版本 k-means++还有 bi-k means 和 kernel k-means 等。

2. 基于密度的聚类方法(density-based methods)

这类方法需要我们去定义其中的两个代表参数,它们分别为密度的邻域半径和邻域的密度阈值。当 k-means 算法用于环形数据的聚类时,基于密度的聚类方法能够更好地处理这类问题。经典的基于密度的聚类方法有 DBSCAN、OPTICS 等。

3. 层次化聚类方法(hierarchical methods)

这类方法通过创建一个分层的聚类树来进行聚类,每个节点都是一个聚类,每个聚类都是数据的一个子集,树的根节点是包含所有数据的聚类,叶节点是只包含一个数据的聚类。经典的层次化聚类方法有 AGNES(agglomerative nesting)、DIANA(divisive analysis)等。

1.4.2 分层聚类方法

分层聚类是一种常见的聚类方法,包括 single-link、complete-link、UPGMA 和 WPGMA 4 种。

single-link 聚类法,也被称为最小方法或连通性方法,两个簇之间的距离定义为两个簇之间距离最近的两个对象间的距离。这种方法可能会在聚类过程中产生链式效应,即有可能会出现非常大的簇。因此,选择使用 single-link 聚类法还需要考虑数据的特性和问题需求。

complete-link 聚类法,也称为最远邻分类法。它的基本思想是根据两个簇之间最远的两个样本点的距离来决定是否合并这两个簇,距离越小则表示这两个簇越相似,越有可能被合并。complete-link 聚类法可以避免链式效应,即不会产生非常大的簇,但是对异常值比较敏感,容易产生不合理的聚类。complete-link 聚类法也被称为最远邻聚类或完全连接聚类。我们在使用 complete-link 聚类法时还需要考虑数据的特性和问题需求。

UPGMA(unweighted pair group method with arithmetic mean，非加权对组平均法)是一种相对简单的层次聚类方法。在 UPGMA 中，两个簇之间的距离被定义为两个簇之间所有对象间的距离的平均值。UPGMA 生成的是有根树。UPGMA 方法可以用于分析分类问题，也常被用于微生物多样性研究。然而，由于 UPGMA 方法假定演化速率相等，因此分支末端相等，这可能会导致在处理不同演化速率的数据时产生偏差。因此，选择使用 UPGMA 方法时还需要考虑数据的特性和问题需求。

WPGMA(weighted pair group method using arithmetic averages，加权对组算术平均法)是一种层次聚类方法。它的基本思想是根据两个簇之间质心的距离来决定是否合并这两个簇，距离越小则表示这两个簇越相似，越有可能被合并。WPGMA 算法是一种加权算术平均聚类方法，它在计算质心时，将合成该簇的两部分按照相同的权重计算，也就是说算出的质心实际上是组成该簇的两部分的质心的均值。因此，选择使用 WPGMA 方法时还需要考虑数据的特性和问题需求。

single-link、complete-link、UPGMA 和 WPGMA 的主要区别在于如何计算两个簇的距离，single-link 计算的是两个簇内距离最近的两个对象间的距离。complete-link 聚类法对异常值很敏感，容易导致不合理的聚类。UPGMA 定义两个簇之间的距离为两个簇之间所有对象间的距离的平均值。UPGMA 的假定条件是，在进化过程中，每一世系发生趋异的次数相同，即核苷酸或氨基酸的替换速率是均等且恒定的。因此，UPGMA 生成的是有根树。WPGMA 定义两个簇之间的距离为两个簇之间所有对象间距离的加权平均值。加权的目的是使这两个簇对距离计算的影响在同一个层次上，而不被簇的大小所影响。

因此，具体选择使用哪种算法需要根据数据的特性和问题需求来决定。

1.4.3 划分聚类方法

划分聚类方法是一种常用的聚类方法，主要包括 k-means、k-means++ 和 bi-kmeans 3 种。

k-means 的具体步骤如下。

(1)数据先预处理：目的主要就是让其变成标准化的、异常点过滤。

(2)随机选取 K 个中心，记为

$$\mu_1^{(0)}, \mu_2^{(0)}, \cdots, \mu_k^{(0)} \tag{2.11}$$

(3)定义损失函数：

$$J(c, \mu) = \min \sum_{i=1}^{M} \| x_i - \mu_{c_i} \|^2 \tag{2.12}$$

(4)令 $t=0, 1, 2, \cdots$ 为迭代步数，重复如下过程直到 J 收敛：
对于每一个样本 x_i，将其分配到距离最近的中心

$$c_i^t < -\operatorname{argmin}_k \| x_i - \mu_k^t \|^2 \tag{2.13}$$

对于每一个类中心 k，重新计算该类的中心

$$\mu_k^{(t+1)} < -\operatorname{argmin}_\mu \sum_{i:\, c_i^t = k}^b \| x_i - \mu \|^2 \tag{2.14}$$

k-means 的优点：

效率高，可扩展性好，计算的复杂度可以为 $O(NKt)$，近似为线性（N 代表它的数据量，K 代表聚类的个数，t 代表它迭代了多少次）。它收敛的速度非常快，其原理相对于其他方法通俗易懂，解释起来非常容易。

k-means 的缺点：

(1)受初始值和异常点影响，聚类结果可能不是全局最优而是局部最优。

(2)K 是超参数，一般需要按经验选择。

(3)样本点只能划分到单一的类中，不适合多分类任务。

(4)不适合分类的太分散和样本的类别不均衡，也不适合非凸形状的分类。

k-means++是 k-means 聚类算法的改进版。k-means++算法是在 k-means 算法的基础上对簇中心的选择方法进行优化。它的核心思想是：按照一定的规则逐步确定 k 个簇中心，使得每个簇中心与已有的簇中心尽可能地远。

k-means++的具体做法如下。

(1)从数据集中随机(均匀分布)抽取一个样本点作为第一个初始聚类中心。

(2)计算每个样本与当前已有聚类中心之间的最短距离，然后计算每个样本点被选为下一个聚类中心的概率。

(3)选择最大概率值(或者概率分布)所对应的样本点作为下一个簇中心。

(4)重复第(2)和第(3)步，直到选择出 k 个聚类中心。

k-means++可以有效地避免 k-means 聚类算法因初始簇中心选择不当而导致的聚类结果误差。然而 k-means++的缺点在于难以并行化。

bi-kmeans 算法也是一种改进的 k-means 聚类算法。它的目标是将数据集划分为 k 个互不相交的簇，使得每个簇内的数据点尽可能相似，而不同簇之间的数据点尽可能不同。bi-kmeans 算法的主要步骤如下。

(1)首先将所有的数据点视为一个簇。

(2)然后将该簇一分为二。

(3)选择其中一个簇继续划分，选择哪一个簇进行划分取决于其是否能最大程度降低 SSE 的值。

Bi-kmeans 算法的主要优点是能够解决 k-means 算法可能陷入局部最优的问题。这是因为在初始化 k 个随机质心点时，其中一个或者多个点由于位置太极端而在迭代过程中消失。因此，bi-kmeans 算法是 k-means 算法的一个优化方案。

1.4.4 层次聚类方法

层次聚类算法构建聚类树有两种方式：一种是自下而上的合并方法，另一种是自上而下的分裂方法。

自下而上的凝聚方法（agglomerative）：初始时，将所有的样本点全部都看作一个簇，然后将距离最近的两个簇进行合并，不断地重复上面这个过程，一直到达到预设的簇数或者其他停止条件。凝聚方法的代表算法：AGNES, agglomerative nesting。

AGNES 是凝聚层次的聚类算法。其过程就是先将每一个目标对象看作一个簇，然后按照一定的标准逐渐将这些簇合并起来。例如，如果簇 A 中的某个对象和簇 B 中的某个对象之间的距离是所有不同簇中的对象之间距离最短的，则簇 A 和簇 B 可能会被合并。

AGNES 算法的具体步骤为如下。

（1）将每个对象当成一个初始簇。

（2）计算任意两个簇的距离，并找到最近的两个簇。

（3）合并这两个簇，生成新的簇的集合。

（4）重复上面的步骤（2）到步骤（3），直到结果满足终止条件。

计算聚类簇之间距离的方法有以下 3 种。

（1）最小距离：取两个簇距离最近的两个样本间的距离作为这两个簇的距离。

（2）最大距离：取两个簇距离最远的两个样本间的距离作为这两个簇的距离。

（3）平均距离：两个簇内所有两个样本距离的平均值。

自上向下分裂式（divisive）聚类方法：首先将所有样本视为一个簇，然后找出簇中距离最大的两个样本，将它们分为两个子簇，重复这一过程直到达到预期的簇数或者其他终止条件。分裂方法的代表算法：DIANA（divisive analysis）。

DIANA（divisive an Alysis）算法是一种关于分裂的层次的聚类方法。与凝聚层次的聚类方法刚好相反，它采用了一种名为自上向下的策略。

DIANA 算法的主要步骤如下。

（1）首先将所有样本集中归为一个簇。

（2）在同一个簇中，计算任意两个样本之间的距离，找到距离最远的两个样本点 a、b，将 a、b 作为两个簇的中心。

（3）计算原来簇中剩余样本点距离 a，b 的距离，距离哪个中心近，则分配到哪个簇中。

（4）不断重复上述步骤，直到其达到我们需要的某个终结的条件或者达到我们设定最大的迭代次数。

这种方法的优点是可以发现类的层次关系，而且不需要我们预先去指定聚类的数目。我们得到的一棵树，在聚类过程结束之后，可以在任意一个层次上横切一刀，可以得到一些指定数目的簇。然而，这种方法的缺点就是计算复杂度过高，而且可能会发生链状聚类。

不需要事先确定簇的个数，是层次聚类方法的一个优势。它可以产生一棵树形结构，根据需要，可以在任意层级上切割，从而得到想要的簇的数量。

1.5　支持向量机

SVM(支持向量机)是一种监督学习算法，可以用于二分类或回归问题。SVM 的主要思想是找到一个超平面，使之能够最大程度地分隔训练数据中的不同类别。这样，就可以根据新数据落在超平面的哪一侧来进行分类。SVM 在数据有多个特征或者数据有明显的分隔边界时，特别有用。

SVM 在样本数量少的时候，很多模型(尤其是深度神经网络)容易过拟合，SVM 在这方面就挺不错具有记忆效率。

1.5.1　支持向量机的基本原理

SVM 主要包括两种：线性支持向量机和非线性支持向量机。线性 SVM 的基本模型是定义在特征空间间隔上的最大线性分类器，使它在间隔最大时有别于感知机。

线性可分 SVM 在二维空间中的超平面是一条直线，可以将数据点分成两部分。在更高维度的空间中，超平面是一个平面，可以将数据点分成两部分。如果存在一个超平面可以完美地分隔两类数据，那么我们说这些数据是线性可分的。在这种情况下，我们可以使用线性可分 SVM。

在许多情况下数据并不能被一个超平面完美地分隔。这时，我们需要使用线性不可分 SVM，也被称为软间隔 SVM。在这种情况下，SVM 试图找到一个平衡，既能最大化间隔，又能最小化分类错误。

SVM 的基本思想是寻找一个能正确分割训练数据并具有最大几何间隔的超平面。在推导之前，我们先介绍一些定义。一种广义线性分类器的监督学习方法是支持向量机(SVM)，它通过求解最大间隔超平面来对数据进行二元分类，适用于分类和回归任务。

支持向量机(SVM)是一种广义线性分类器，它以监督学习的方式，根据最大间隔超平面的原则对数据进行二元分类，用于处理分类和回归问题。

SVM 算法具有以下优点：

(1)可以处理高维数据，且不需要降维处理。

(2)可以避免过拟合，具有良好的泛化能力。

（3）可以处理非线性问题，通过选择合适的核函数，可以适应各种数据分布。

（4）只需要少量的支持向量，计算复杂度较低。

SVM 算法有以下缺点：

（1）对选择的参数敏感，如惩罚系数 C 和核函数参数。

（2）对噪声和异常值敏感，可能影响最优超平面的确定。

（3）对多分类问题不太适用，需要采用一对一或一对多的策略进行转换。

（4）对数据的先验知识缺乏，难以解释模型的含义。

1.5.2　支持向量机核函数的选择

SVM 核函数的选择主要取决于数据的特性和问题的性质。

（1）当特征数量很大，接近于样本数量时，可以选择线性核（linear kernel）或者逻辑回归（LR）。线性核参数少，速度快，对于一般数据，分类效果已经很理想。

（2）当特征数量比较小，样本数量适中时，可以选择高斯核（Gaussian kernel 或 RBF kernel）。高斯核主要用于线性不可分的情形，其参数多，分类结果非常依赖于参数。

（3）如果特征数量不够多，而样本数量很多的话，我们可能要添加一些特征。

（4）多项式核（polynomial kernel）可以处理非线性可分的情况，但是当多项式的阶数比较高时，核矩阵的元素值将趋于无穷大或无穷小。

（5）对于某些参数，Sigmoid 核和 RBF 具有相似的性能。

具体选择哪种核函数，需要我们根据具体情况选择。不同的数据需要用不同的核函数和参数来判断线性可分性。如果特征能够反映出大量的信息，很多问题都可以用线性方法解决。如果有足够的时间去调整 RBF 核参数，效果可能会更好。

在实际应用中，可以使用自动调参方法如 grid search 来选择最优的核函数和参数。

1.6　小结

在本章中我们简单地介绍了什么是机器学习，机器学习的一些基本概念、分类、应用和发展趋势，以及一些经常使用的机器学习的方法和工具。机器学习是一门研究计算机怎么从数据中去学习规律和知识的科学，是一种利用数据或经验来改善自身性能的计算机程序。机器学习的特点是能够处理复杂、不确定和动态的问题，能够自动发现数据中的规律和知识，能够提高系统的智能水平和适应能力。机器学习已经广泛应用于各个领域，如搜索引擎、推荐系统、自然语言处理、计算机视觉、生物信息学、金融分析等。机器学习的发展趋势是向深度学习、大数据、云计算、移动计算等方向发展，以及与其他学科如认知科学、神经科学、社会科学等进行交叉融合。机器学习的方法有很多，如决策树、神经网络、支持向量机、贝叶斯网络、集成学习等。机器学习的工具也有很多，如 Python、R、Matlab、TensorFlow。机器学习是一门充满挑战和创新的科学，它不断地推动着人类社会的进步和发展。通过本章的学习，我们可以对机器学习有一个初步的了解，为后续的深入学习打下基础。

第 2 章 　人工神经网络与深度学习

2.1　概论

深度学习(DL)是机器学习的一个新兴分支，它以人工神经网络为基础，通过学习数据的内部结构和表达层次，从而加深对文本、图像、声音等数据的理解。它的复杂性和在语言和图像识别领域的成就远远超过了之前的相关技术，可移植性好。深度学习有很多成熟的开源框架和工具，如 TensorFlow、PyTorch、Keras 等，它们可以在不同的平台和设备上运行，方便开发者和用户使用和部署。因此，深度学习在语音和音频识别、图像分类与识别、人脸识别、视频分类、行为识别等领域都表现优异。

深度学习是一种强大且应用广泛的机器学习算法，其不断推动着人工智能技术向前发展。

2.1.1　什么是人工神经网络

人工神经网络由大量的简单的人工神经元相互连接组成，每个神经元接收来自其他神经元的输入信号，根据一定的激活函数和权重产生输出信号，并将输出信号传递给下一层神经元。人工神经网络可以通过学习算法调整其在网络中的权重，从而适应不同的数据和任务。

人工神经网络的历史可以追溯到 1943 年，当时 Warren S. McCulloch 和 Walter Pitts 提出了一种基于二进制阈值的神经元模型，并将其与布尔逻辑进行对比。1958 年，Frank Rosenblatt 开发了感知器，这是一种单层的前馈神经网络，可以进行线性分类。1969 年，Marvin Minsky 和 Seymour Papert 指出感知器存在局限性，神经网络研究陷入低潮。

1986 年，David E. Rumelhart、Geoffrey E. Hinton 和 Ronald J. Williams 提出了反向传播算法，使得多层前馈神经网络可以通过梯度下降法进行有效的训练，从而引发了神经网络研究的复兴。2006 年以后，随着计算能力、数据量和算法的提升，深度学习成为人工神经网络研究的主流方法，在图像识别、语音识别、自然语言处理等领域取得了突破性的成果。

人工神经网络能够对输入信号进行非线性变换和信息处理。每个神经元接收来自其他神经元或外部输入的加权信号，然后通过一个激活函数（如 sigmoid、tanh、reLU 等）产生一个输出信号。不同的神经元之间通过连接权重（synaptic weight）来调节信号的强度。神经网络的学习过程就是根据给定的训练数据，调整连接权重，使得网络能够实现期望的输入输出映射或目标函数。常用的学习算法包括有监督学习、无监督学习和强化学习等。

2.1.2　人工神经网络发展历史

人工神经网络的研究起源于 20 世纪 40 年代，当时麦卡洛克和皮茨提出了第一个神经元模型。上世纪 50 年代，罗森布拉特提出了感知机模型，这是第一个能够学习的神经网络。60 年代，明斯基和帕珀特指出了感知机的局限性，导致神经网络研究陷入低潮。80 年代，霍普菲尔德提出了霍普菲尔德网络，它是第一个能够进行联想记忆的神经网络。同时，鲁梅尔哈特等人提出了反向传播算法，使得多层神经网络能够有效地训练。90 年代以来，神经网络研究进入了快速发展的阶段，出现了许多新的模型和应用，如径向基函数网络、支持向量机、自组织映射、脉冲神经网络、深度学习等。

人工神经网络的发展历史可以分为以下几个阶段。

第一阶段：启蒙时期（1943—1969）。这一阶段始于 1943 年，美国神经生理学家沃伦·麦卡洛克（Warren McCulloch）和数学家沃尔特·皮茨（Walter Pitts）提出了一种神经元的形式化模型，即 M-P 模型。这个模型用数学和逻辑方法来描述神经元的激活和连接，是人工神经网络的原型。1957 年，美国心理学家弗兰克·罗森布拉特（Frank Rosenblatt）研究设计了感知器（perceptron），这是一种单层的前馈神经网络，能够通过学习调整权重来实现模式识别。感知器引起了人们对人工神经网络的热情，被认为是实现人工智能的希望。然而，1969 年，美国计算机科学家马文·明斯基（Marvin Minsky）和西摩尔·帕珀特（Seymour Papert）在《感知器》（*Perceptrons*）一书中指出了感知器的局限性，即它只能解决线性可分问题，而无法处理异或（XOR）等非线性问题。他们还认为多层感知器没有有效的训练算法，质疑对人工神经网络的研究。这本书对人工神经网络的发展造成了巨大的打击，使得在这一领域的研究陷入了低谷。

第二阶段：复兴时期（1986—1995）。这一阶段的标志是 1986 年通过链式法则将输出层的误差反向传播到隐藏层和输入层，并用梯度下降法更新权重，从而实现了多层感知器的有效训练。BP 算法解决了明斯基等人提出的难题，使得人工神经网络能够处理非线性问题，并且具有强大的表达能力。1989 年，法国计算机科学家雅恩·勒昆（Yann LeCun）等人开发了一个 7 层的卷积神经网络 LeNet-5，用于手写数字识别，并达到了 98% 的准确率。卷积神经网络利用局部连接、权重共享、池化等技术，减少了参数数量，增强了泛化能力，并且能够自动提取图像特征。在这一阶段，还出现了许多其他类型的人工神经网络，如 Hopfield 网络、自组织映射网络、双向联想记忆网络、循环神经网络、玻尔兹曼机等。这些网络在自动控制、优化、模式识别、图像处理、自然语言处理等领域取得了显著的成果。

第三阶段：深度学习时代（2006 年至今）。这一阶段的开端是 2006 年，研究者用无监督的逐层预训练的方法来初始化权重，从而解决了深层神经网络的梯度消失和过拟合等问题。辛顿等人将人工神经网络重新定义为深度学习，并进行了推广。2012 年，加拿大计算机科学家亚历克斯·克里泽维茨基（Alex Krizhevsky）等人在 imageNet 图像识别竞赛中使用了一个 8 层的卷积神经网络 AlexNet，并以超过第二名成绩 10% 的优势夺得冠军。这引起了人们对深度学习的极大关注，也标志着人工神经网络迎来第三次研究高潮。此后，深度学习在语音识别、自然语言处理、计算机视觉、强化学习等领域取得了突破性的进展，也催生了许多新的网络结构和技术，如残差网络、生成对抗网络、注意力机制、变分自编码器、Transformer 等。深度学习也受益于硬件计算能力的提升、大量数据的可用性和开源框架的发展，成为当今最热门的人工智能研究方向之一。

2.1.3 什么是深度学习

深度学习（deep learning）是人工智能的分支，它使用多层神经网络（neural network）来学习数据的特征和规律，从而实现对数据的理解和处理。深度学习的优势在于它可以自动地从数据中提取高层次的抽象特征，而不需要人为地设计和选择特征。深度学习的应用非常广泛，涵盖了计算机视觉、自然语言处理、语音识别、推荐系统、医疗健康、游戏、艺术等多个领域。

20 世纪 50 年代研究看提出了第一个神经网络模型——感知机（perceptron）。感知机是一种简单的线性分类器，它可以学习如何将输入向量映射到输出标签。感知机虽然简单，但是具有一定的普适性，可以用于解决一些基本的模式识别问题。然而，感知机也存在一些局限性，例如它无法处理非线性可分的问题，例如异或（XOR）问题。为了解决这个问题，人们提出了多层感知机（multilayer perceptron，MLP），它是一种由多个感知机组成的神经网络，可以通过引入非线性激活函数来增强模型的表达能力。MLP 可以看作是深度学习的雏形，它开启了神经网络的研究热潮。

感知机可以用来训练一个线性分类器，即感知机模型。感知机的学习算法可以分为原始形式和对偶形式，它们的基本思想和步骤如下。

原始形式：给定一个线性可分的数据集，初始化感知机的参数 w 和 b 使之为零或者随机值,然后随机选取一个误分类的数据点(x_i, y_i),根据式(3.1)、式(3.2)更新 w 和 b。

$$w<-w+\eta y\_ix\_i \tag{2.1}$$
$$b<-b+\eta y\_i \tag{2.2}$$

其中,η 为学习率,是一个正数。重复这个过程,直到没有误分类点为止。

对偶形式:给定一个线性可分的数据集,初始化感知机的参数 α 和 b 使之为零或者随机值,然后随机选取一个误分类的数据点(x_i, y_i),根据式(3.3)、式(3.4)更新 α 和 b:

$$\alpha\_i<-\alpha\_i+\eta \tag{2.3}$$
$$b<-b+\eta y\_i \tag{2.4}$$

其中,η 为学习率,是一个正数。重复这个过程,直到没有误分类点为止。最后,根据式(3.5)计算 w。

$$w = \sum \alpha\_iy\_ix\_i \tag{3.5}$$

感知机的学习算法可以证明在有限次迭代后一定能收敛到一个正确划分数据集的超平面,但是这个超平面不一定是唯一的或者是最优的。感知机的学习算法也有一些局限性,例如它不能处理非线性可分的数据集,也不能完成多分类任务。

在 21 世纪初,神经网络重新焕发了生机和活力,这得益于以下几个因素:一是大数据的出现,它提供了海量的训练数据;二是计算能力的提升,特别是图形处理器(graphics processing unit, GPU)的发展,使得神经网络可以快速地进行并行计算。这些模型和算法在各个领域取得了突破性的成果和效果,引起了人们对深度学习的广泛关注和兴趣。

深度学习的基本概念:深度学习是一种基于神经网络的机器学习方法,它可以从数据中学习到复杂的特征和规律,从而实现对数据的理解和处理。深度学习的基本概念包括以下几个方面。

神经网络:神经网络是一种由多个神经元(neuron)组成的计算模型,它可以模拟人脑的信息处理过程。神经元是神经网络的基本单元,它接收来自其他神经元或外部输入的信号,然后根据一个激活函数(activation function)来决定是否向下一层的神经元发送信号。神经网络通常由多层神经元组成,每一层都有一定的功能和作用。例如,输入层(input layer)负责接收外部输入数据,输出层(output layer)负责产生最终的输出结果,隐藏层(hidden layer)负责在输入层和输出层之间进行信息的转换和处理。神经网络的结构和参数可以根据不同的数据和任务进行调整和优化,从而实现更好的性能和效果。

反向传播:反向传播是一种用于训练神经网络的算法,它可以根据网络的输出结果和期望结果之间的差异来计算网络中每个参数的梯度,并根据梯度下降法(gradient descent)来更新参数,从而使网络逐渐逼近最优解。反向传播算法分为两个阶段:前向传播(forward propagation)阶段和后向传播(backward propagation)阶段。前向传播是指从输入层到输出层依次计算每一层的输出值;后向传播是指从输出层到输入层依次计算每一层的误差值和梯度值,并根据学习率(learning rate)来更新参数。反向传播算法是深度学习中最常用的训练方法，它可以有效地提高网络的性能和效果。

损失函数：损失函数（loss function）是一种用于衡量网络输出结果和期望结果之间的差异程度的函数，它可以反映网络的训练效果和优化目标。损失函数通常取决于具体的数据和任务，例如对于分类问题，常用的损失函数有交叉熵损失（cross-entropy loss）、对数似然损失（log-likelihood loss）、0-1 损失（0-1 loss）等。

优化器：优化器（optimizer）是一种用于更新网络参数的方法，它可以根据梯度信息来调整参数的更新方向和步长，从而加快收敛过程和提高稳定性。优化器通常取决于具体的算法和问题，例如对于梯度下降法，常用的优化器有随机梯度下降法（stochastic gradient descent，SGD）、动量法（momentum）、nesterov 动量法（nesterov momentum）、adagrad、rmsprop、adam 等。优化器可以影响网络训练过程中的速度和效果，因此需要根据不同情况选择合适的优化器。

2.1.4 人工神经网络的分类

人工神经网络的类型有很多，根据其结构、功能和学习方法的不同，可以分为以下几类。

一、前馈神经网络（feedforward neural network）

它是一种基本和常见的神经网络类型，由一个输入层、一个或者多个隐藏层和一个输出层组成，数据只能从输入层向输出层单向传播。前馈神经网络可以用于回归和分类等监督学习任务。

二、循环神经网络（recurrent neural network）

这是一种具有反馈回路的神经网络类型，它可以处理序列数据，如时间序列或自然语言。循环神经网络中的每个神经元不仅接收来自上一层的输入，还接收来自本层或下一层的输出，形成一个动态系统。循环神经网络可以用于预测、生成和记忆等任务。

三、卷积神经网络（convolutional neural network）

这是一种特殊的前馈神经网络类型，它利用卷积操作来提取局部特征，并通过池化操作来降低维度和增加不变性。卷积神经网络主要用于图像识别、模式识别和计算机视觉等领域。

四、生成对抗网络（generative adversarial network）

这是一种由两个互相对抗的神经网络构成的系统，一个叫做生成器（generator），另一个叫做判别器(discriminator)。生成器的作用是产生与真实数据类似的虚假数据,判别器的作用是识别出真实数据和虚假数据。通过这种对抗过程,生成器可以学习到真实数据的分布,并生成高质量的假数据。生成对抗网络可以用于图像生成、图像转换、图像修复等任务。

2.1.5　人工神经网络的优缺点

人工神经网络具有以下优点:

(1)可以逼近任意复杂的非线性函数,具有强大的表达能力和泛化能力。

(2)可以自动地从数据中学习特征,无须人为地设计和选择特征。

(3)可以处理高维、多模态、非结构化的数据,适应多种类型的任务和领域。

(4)可以利用并行计算、分布式计算和硬件加速等技术,提高计算效率和性能。

人工神经网络也存在以下缺点:

(1)需要大量的数据和计算资源,训练过程可能很慢,且费用昂贵。

(2)网络结构、参数和超参数的选择往往没有统一的标准和理论指导,需要根据经验和实验进行调整。

(3)网络内部的工作机制往往不够透明和可解释,难以理解和验证网络的行为和结果。

(4)网络可能会受到过拟合、梯度消失或爆炸、对抗样本等问题的影响,降低网络的稳定性和鲁棒性。

人工神经网络由大量的简单的人工神经元相互连接组成,每个神经元接收来自其他神经元的输入信号,根据一定的激活函数和权重产生输出信号,并将输出信号传递给下一层神经元。人工神经网络可以通过学习算法调整网络中的权重,从而适应不同的数据和任务。人工神经网络有多种类型,可以用于解决各种各样的问题,例如机器视觉和语音识别。人工神经网络具有强大的表达能力和泛化能力,但也存在一些缺点,如需要大量的数据和计算资源,缺乏理论指导,难以解释等。

2.2　卷积神经网络

2.2.1　什么是神经系统

人脑神经系统是由脑、脊髓、脑神经和脊神经组成的神经组织,它负责接收、处理和传递各种信息,从而控制和协调人体的各种功能。人脑的神经系统大致分为中枢神经系统和周围神经系统两大部分。

人脑神经元是人脑的神经细胞，它们是神经系统里面基本的结构以及功能单位，负责接收、处理和传递各种信息。人脑神经元的数量估计有 140 亿~160 亿个，每个神经元都通过突触和其他数千个神经元相连，形成一个复杂的神经网络。

人脑神经元的结构由细胞体、树突、轴突和突触 4 部分组成。细胞体是神经元的核心部分，包含细胞核、细胞质和细胞器，负责维持神经元的生命活动和代谢。树突是从细胞体伸出的多条分支状突起，主要作用是接收其他神经元或感觉器官传来的信号，并将其传递到细胞体。轴突是从细胞体伸出的一条细长的纤维状突起，主要作用是将细胞体产生的信号传递到其他神经元或效应器。突触是轴突末端与其他细胞之间的连接点，主要作用是通过释放或接收一种称为神经递质的化学物质来实现信息的交流。

神经元传递信息的过程可以分为以下几个步骤。

（1）当一个神经元受到来自其他神经元或感觉器官的刺激时，它的细胞膜上的离子通道会打开，导致钠离子流入细胞，钾离子流出细胞，使细胞内外的电位差发生变化，这就是所谓的去极化。当去极化达到一定程度时，就会触发一个动作电位，即一个快速而短暂的电信号，沿着轴突向前传播。

（2）当动作电位到达轴突末梢时，会促使轴突末梢内的囊泡释放储存的神经递质，即一种能够传递信号的化学物质。神经递质通过轴突和树突之间的微小间隙，即突触，扩散到下一个神经元的树突上。

（3）神经递质会结合到树突上的特定受体上，从而改变受体所在细胞膜上的离子通道的状态，使其打开或关闭。这样就会影响下一个神经元内外的电位差，使其超极化或去极化。如果超极化，就会抑制下一个神经元产生动作电位；如果去极化，就会促进下一个神经元产生动作电位。

（4）神经递质在突触间隙中不会停留太久，它们会被分解、回收或摄取，从而终止信号的传递。这样就可以避免信号混乱和受到干扰，并为下一次信号的传递做好准备。

人脑神经元的功能可以分为感觉、运动和整合三类。感觉神经元主要负责将身体各部位或外界环境的刺激转化为电信号，并传递到中枢神经系统进行处理。运动神经元主要负责将中枢神经系统发出的指令转化为电信号，并传递到骨骼肌或内脏器官等效应器进行响应。整合神经元主要负责在中枢神经系统内部进行信息的分析、加工和存储，参与高级功能活动如思维、记忆、语言等。

人脑神经元的特点是具有可塑性和适应性，即它们可以根据外界刺激或内在需求而改变自身的结构和功能。例如，当一个神经元频繁地与另一个神经元通信时，它们之间的突触连接会增强，反之则会减弱，这就是所谓的突触可塑性。当一个神经元受到损伤或死亡时，它周围的其他神经元会增加自身的活动或与其他区域建立新的连接，以弥补损失，这就是所谓的功能可塑性。

2.2.2　什么是卷积神经网络

卷积神经网络(convolutional neural network，CNN)是一种深度学习的模型，主要用于处理图像、语音和自然语言等数据。

卷积层是 CNN 的核心部分，它使用一组可学习的滤波器(filter)或卷积核(kernel)，对输入数据进行局部感受野(receptive field)的线性变换，从而提取出不同的特征图(feature map)。卷积层的参数主要有滤波器的数量、大小、步长(stride)和填充(padding)。卷积层的优势在于它可以减少参数的数量，保留数据的空间结构，增强模型的泛化能力(图 2.1)。

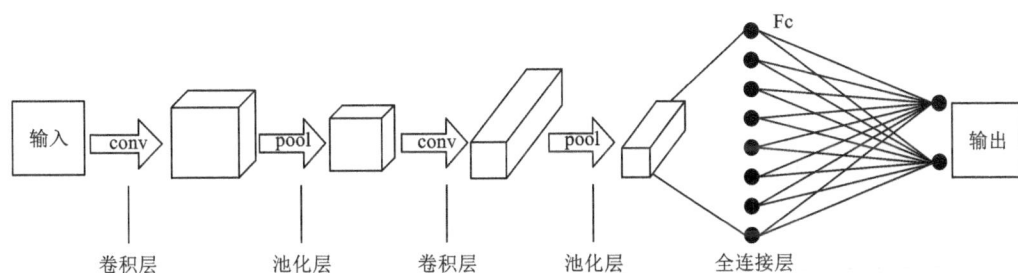

图 2.1　卷积神经网络结构图

池化层是 CNN 的另一个重要部分，它对卷积层输出的特征图进行降采样(downsampling)，从而减少计算量，防止过拟合，增强特征的鲁棒性。池化层的操作主要有最大池化(max pooling)、平均池化(average pooling)、全局池化(global pooling)等。池化层的参数主要有池化区域的大小、步长和填充。

全连接层是 CNN 的最后一层，它将池化层输出的特征图展平为一维向量，然后通过一个或多个全连接层进行非线性变换，最后输出一个固定长度的向量，用于表示输入数据的类别或其他目标值。全连接层的参数主要有神经元的数量和激活函数(activation function)。

CNN 在图像处理领域有着广泛的应用，例如图像分类、目标检测、语义分割、人脸识别、风格迁移等。CNN 也可以用于处理其他类型的数据，例如语音识别、自然语言处理、时间序列分析等。CNN 是目前最先进的深度学习模型之一，它不断地被改进和发展，产生了许多变体和扩展版本，例如残差网络(residual network)、稠密网络(dense network)、空洞卷积网络(dilated convolutional network)、生成对抗网络(generative adversarial network)等(图 2.2)。

input volume (+pad 1) $(7 \times 7 \times 3)$
x[:, :, 0]

0	0	0	0	0	0	0
0	0	1	0	1	2	0
0	1	0	0	1	0	0
0	2	1	0	1	1	0
0	2	2	2	1	2	0
0	2	1	1	2	1	0
0	0	0	0	0	0	0

x[:, :, 1]

0	0	0	0	0	0	0
0	1	0	0	2	2	0
0	2	1	0	0	2	0
0	1	1	2	0	1	0
0	2	0	1	0	2	0
0	0	1	0	0	2	0
0	0	0	0	0	0	0

x[:, :, 2]

0	0	0	0	0	0	0
0	1	0	0	1	2	0
0	1	2	0	1	1	0
0	1	1	0	2	0	0
0	2	2	1	0	0	0
0	1	2	1	0	2	0
0	0	0	0	0	0	0

filter W0 $(3 \times 3 \times 3)$
w0[:, :, 0]

-1	0	0
-1	1	1
1	-1	-1

w0[:, :, 1]

-1	-1	0
0	-1	1
-1	0	1

w0[:, :, 2]

0	1	-1
1	0	1
0	1	1

filter W1 $(3 \times 3 \times 3)$
w1[:, :, 0]

1	1	-1
-1	1	1
1	0	0

w1[:, :, 1]

-1	-1	-1
0	1	0
-1	-1	1

w1[:, :, 2]

0	1	0
-1	1	1
1	-1	-1

output volume $(3 \times 3 \times 2)$
o[:, :, 0]

0	1	3
0	-2	-1
3	-1	-5

o[:, :, 1]

-1	1	3
-1	3	-2
6	4	4

Bias b0 $(1 \times 1 \times 1)$
b0[:, :, 0]

1

Bias b1 $(1 \times 1 \times 1)$
b1[:, :, 0]

0

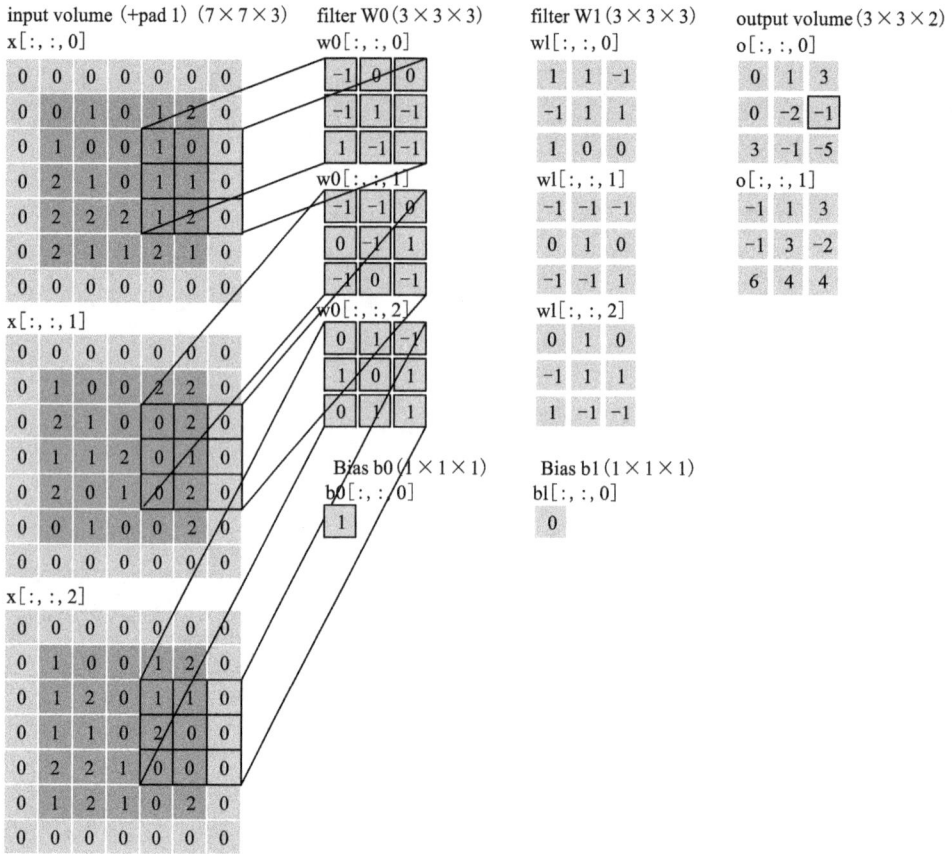

图 2.2　卷积过程图

以下是一个简单的卷积神经网络模型：

导入相关库

importtensorflow as tf

fromtensorflow. keras import layers，models

定义输入数据的形状

input_shape ＝(32，32，3)# 32×32 像素的彩色图像

创建一个 Sequential 模型

model ＝models. Sequential()

添加第一个卷积层，使用 32 个 3×3 大小的滤波器，步长为 1，填充为 same，激活函数为 reLU

model. add(layers. Conv2D(32，(3，3)，strides＝1，padding＝' same' ，activation＝' relu' ，input_shape＝input_shape))

添加第一个池化层，使用 2×2 大小的最大池化，步长为 2

model. add(layers. MaxPooling2D((2, 2), strides = 2))

添加第二个卷积层，使用 64 个 3×3 大小的滤波器，步长为 1，填充为 same，激活函数为 reLU

model. add(layers. Conv2D(64, (3, 3), strides = 1, padding = 'same', activation = 'relu'))

添加第二个池化层，使用 2×2 大小的最大池化，步长为 2

model. add(layers. MaxPooling2D((2, 2), strides = 2))

添加第三个卷积层，使用 128 个 3×3 大小的滤波器，步长为 1，填充为 same，激活函数为 reLU

model. add(layers. Conv2D(128, (3, 3), strides = 1, padding = 'same', activation = 'relu'))

添加第三个池化层，使用 2×2 大小的最大池化，步长为 2

model. add(layers. MaxPooling2D((2, 2), strides = 2))

将特征图展平为一维向量

model. add(layers. Flatten( ))

添加第一个全连接层，使用 256 个神经元，激活函数为 reLU

model. add(layers. Dense(256, activation = 'relu'))

添加第二个全连接层，使用 10 个神经元，激活函数为 Softmax，用于输出 10 个类别的概率

model. add(layers. Dense(10, activation = 'softmax'))

打印模型的结构和参数

model. summary( )

2.2.3 卷积神经网络的激活函数

卷积神经网络的激活函数是一种用于增加网络非线性能力的函数，它可以使网络能够拟合更复杂的数据分布。常用的激活函数有以下几种。

sigmoid 函数：它可以将一个实数映射到 (0, 1) 的区间，可以用来做二分类。它的表达式为

$$f(x) = \frac{1}{1 + e^{-x}} \tag{2.6}$$

它的图像类似一个 S 形曲线。sigmoid 函数的优点是输出平滑，梯度可微，预测明确。缺点是容易出现梯度消失，计算量大，输出不以零为中心。

tanh 函数：它可以将一个实数映射到 (−1, 1) 的区间，也可以用来做二分类。它的表达式为

$$f(x) = \tanh(x) = \frac{e^x - e^{-x}}{e^x + e^{-x}} \tag{2.7}$$

它的图像也是 S 形曲线。tanh 函数相比于 sigmoid 函数，输出以零为中心，是更适合隐藏层的激活函数。但是它也有梯度消失的问题。

reLU 函数：它是一种分段线性函数，其表达式为

$$f(x) = \max(0, x) \tag{2.8}$$

它的图像是一个斜坡。reLU 函数是目前最流行的激活函数，它的优点是计算速度快，不存在梯度消失问题(当输入为正时)，可以稀疏激活(即只有部分神经元被激活)。缺点是当输入为负时，梯度为零，可能导致神经元死亡，而且输出不以零为中心。

leaky reLU 函数：它是 reLU 函数的改进版本，其表达式为

$$f(x) = \max(\alpha x, x) \tag{2.9}$$

其中，α 为一个很小的正常数(如 0.01)，它的图像类似于 reLU。leaky reLU 函数通过给负输入赋予一个很小的斜率，来解决神经元死亡的问题。但是它也没有解决输出不以零为中心的问题。

ELU 函数：它也是 reLU 函数的改进版本，其表达式为

$$f(x) = \begin{cases} x & , x \geq 0 \\ \alpha(e^x - 1) & , x < 0 \end{cases} \tag{2.10}$$

其中，α 为一个正常数(如 1)，它的图像类似于 reLU。ELU 函数相比于 reLU 函数，有负值，使得输出接近于零均值，有利于加速学习。而且在负值区域也有非零梯度，避免了神经元死亡。缺点是计算量较大。

2.2.4　常用卷积神经网络

卷积神经网络的发展历史悠久，从最早的 LeNet 到现在的 ResNet、Transformer 等，都是卷积神经网络的不同变体和应用实例。在这介绍一些常用的卷积神经网络。

LeNet 是最早的卷积神经网络之一，由 Yann LeCun 于 1998 年提出，主要用于手写数字识别。LeNet 由两个卷积层和 3 个全连接层组成，共有 7 层。LeNet 的创新之处在于引入了卷积操作和池化操作，减少了参数数量和计算量，提高了泛化能力。LeNet 算法包含了卷积层、池化层、全连接层等神经网络的基本组件，是深度学习发展的一个里程碑。

LeNet 算法的一般结构如下：

(1)输入层：接收一个大小为 28×28 的单通道图像。

(2)卷积层 C1：使用 6 个大小为 5×5 的卷积核，输出 6 个大小为 28×28 的特征图。

(3)池化层 S2：使用平均池化，将每个特征图的大小降低为 14×14。

(4)卷积层 C3：使用 16 个大小为 5×5 的卷积核，输出 16 个大小为 10×10 的特征图。

每个卷积核与 S2 层的部分或全部特征图相连。

（5）池化层 S4：使用平均池化，将每个特征图的大小降低为 5×5。

（6）卷积层 C5：使用 120 个大小为 5×5 的卷积核，输出 120 个大小为 1×1 的特征图。每个卷积核与 S4 层的所有特征图相连。

（7）全连接层 F6：与 C5 层全连接，输出 84 个神经元。

（8）输出层：使用 softmax 函数，输出 10 个类别的概率。

LeNet 算法在 MNIST 数据集上可以达到 98.7% 的准确率，并且在其他图像分类任务中也有良好的表现。LeNet 算法是卷积神经网络的开山之作，对后续的深度学习研究有重要的影响和启发。

AlexNet 是 2012 年 ImageNet 挑战赛的冠军，由 Alex Krizhevsky 等人提出，是深度学习的又一个里程碑。AlexNet 由 5 个卷积层和 3 个全连接层组成，共有 8 层。AlexNet 相比于 LeNet，增加了网络的深度和宽度，使用了 reLU 激活函数、Dropout 技术、数据增强等方法，大幅提升了图像分类的性能。AlexNet 算法在竞赛中取得了优异成绩，将错误率降低到 15.3%，比第二名低了 10.8%。AlexNet 算法开创了深度学习在计算机视觉领域的新时代，对后续的研究有巨大的影响和启发。

AlexNet 算法的结构如下：

（1）输入层：接收一个大小为 227×227×3 的彩色图像。

（2）卷积层 C1：使用 96 个大小为 11×11×3 的卷积核，步长为 4，输出 96 个大小为 55×55 的特征图。

（3）池化层 S2：使用最大池化，将每个特征图的大小降低为 27×27。

（4）卷积层 C3：使用 256 个大小为 5×5×48 的卷积核，步长为 1，输出 256 个大小为 27×27 的特征图。每个卷积核与 S2 层的部分或全部特征图相连。

（5）池化层 S4：使用最大池化，将每个特征图的大小降低为 13×13。

（6）卷积层 C5：使用 384 个大小为 3×3×256 的卷积核，步长为 1，输出 384 个大小为 13×13 的特征图。每个卷积核与 S4 层的所有特征图相连。

（7）卷积层 C6：使用 384 个大小为 3×3×192 的卷积核，步长为 1，输出 384 个大小为 13×13 的特征图。每个卷积核与 C5 层的所有特征图相连。

（8）卷积层 C7：使用 256 个大小为 3×3×192 的卷积核，步长为 1，输出 256 个大小为 13×13 的特征图。每个卷积核与 C6 层的所有特征图相连。

（9）池化层 S8：使用最大池化，将每个特征图的大小降低为 6×6。

（10）全连接层 F9：与 S8 层全连接，输出 4096 个神经元。

（11）全连接层 F10：与 F9 层全连接，输出 4096 个神经元。

（12）输出层：使用 softmax 函数，输出 1000 个类别的概率。

AlexNet 算法使用 reLU 作为激活函数，提高了模型的非线性表达能力和收敛速度。同时，AlexNet 算法还采用了数据增强、Dropout、局部响应归一化等技术，增强了模型的泛化能力和鲁棒性。由于模型参数较多，AlexNet 算法需要使用 GPU 进行加速训练。

VGG 是 2014 年 ImageNet 挑战赛的亚军，由牛津大学的 Visual Geometry Group 提出，是一系列的卷积神经网络模型。VGG 的特点是使用了更小的 3×3 卷积核，更多的卷积层和池化层，构建了更深的网络结构。VGG 最流行的版本是 VGG16 和 VGG19，分别有 16 层和 19 层。VGG 算法的特点是使用多个 3×3 的卷积核和 2×2 的最大池化层，增加了网络的深度和表达能力。VGG 算法有两种主要的结构，分别是 VGG16 和 VGG19，数字表示网络中卷积层和全连接层的总数。VGG16 和 VGG19 在 ImageNet 数据集上都取得了优异的成绩，分别达到了 92.7% 和 92.5% 的 top-5 测试准确率。

Inception 是 2014 年 ImageNet 挑战赛的冠军，由 Google 提出，也被称为 GoogLeNet。Inception 的核心思想是使用不同大小的卷积核和池化操作，并行地处理输入特征图，然后拼接起来作为下一层的输入。Inception 通过这种方式增加了网络的宽度和深度，同时减少了参数数量和计算量。Inception 有多个版本，如 Inception v1、v2、v3、v4 等。Inception 算法的特点是使用了多个不同大小的卷积核和池化层，组成了一个 Inception 模块，可以在不同尺度上提取图像的特征，并将所有输出结果拼接为一个非常深的特征图。Inception 算法有多个版本，分别是 Inception v1、Inception v2、Inception v3、Inception v4 和 Xception。每个版本都是对前一个版本的改进和优化，提高了网络的性能和效率。

ResNet 是 2015 年 ImageNet 挑战赛的冠军，由微软研究院提出，是一种具有残差连接的深度卷积神经网络。ResNet 的创新之处在于引入了残差模块（residual block），使得网络可以跨越多个层级传递信息和梯度，从而解决了深度网络中常见的梯度消失和退化问题。ResNet 可以构建非常深的网络结构，如 ResNet-50，ResNet-101，ResNet-152 等。ResNet 算法的特点是使用了残差学习（residual learning）的方法，可以有效地解决深度网络的退化问题（degradation problem），即当网络层数增加时，训练和测试误差反而增大，性能下降。ResNet 算法通过在网络中添加短路连接（shortcut connection），使得每个残差单元（residual unit）可以学习到输入和输出之间的残差函数（residual function），从而提高了网络的表达能力和优化效率。ResNet 算法在 2015 年的 ImageNet 图像分类竞赛中取得了优异的成绩，将错误率降低到 3.57%，比第二名低了 10.8%。

ResNet 算法沿用了 VGG 网络的 3×3 卷积层设计，并使用了批量归一化层（batch normalization layer）和 reLU 激活函数。每个残差单元由两个或 3 个卷积层组成，其中第一个和最后一个卷积层的输出通道数相同，中间的卷积层的输出通道数为前后两者的 1/4。每个残差单元后面都有一个短路连接，将输入直接加到输出上，形成残差学习。当输入和输出的维度不一致时，可以使用 1×1 卷积层或池化层来进行变换。ResNet 算法有多个版本，分别是 ResNet-18、ResNet-34、ResNet-50、ResNet-101 和 ResNet-152，数字表示网络中卷积层和全连接层的总数。

2.3 循环神经网络

2.3.1 什么是循环神经网络

循环神经网络(recurrent neural network，RNN)是一种递归神经网络(recursive neural network)，它可以接收序列(sequence)数据并作为输入，在序列的延展方向上进行递归(recursion)，同时所有的节点(循环单元)以链状方式相连。它由 Saratha Sathasivam 在 1982 年提出的霍普菲尔德网络演变而来，具有独特的循环特性和最重要的结构——长短时记忆网络——使得它在处理和预测序列数据方面有着优秀的性能。RNN 是一种特殊的神经网络结构，它是基于人类的认知是依赖于过去的经验和记忆这一理念设计的。它与 DNN、CNN 的不同之处在于：它不仅考虑当前时刻的输入，而且赋予了网络对之前内容的一种记忆功能。RNN 之所以叫做循环神经网络，是因为一个序列当前的输出与之前的输出也有关系。

RNN 的工作原理可以通过下面的步骤来解释。

(1)初始化状态：在处理序列的第一个元素时，RNN 的初始状态通常被设置为零向量。

(2)更新状态：对于序列中的每个元素，RNN 都会根据当前输入和前一时刻的状态来更新其状态。这个过程通常通过一个非线性函数(如 tanh 或 reLU)来实现。

(3)生成输出：在每个时间步，RNN 都会根据当前的状态生成一个输出。输出可以用于预测下一个元素，或者作为下一层网络的输入。

(4)传递状态：当前时间步的状态会被传递到下一个时间步，作为下一次更新的一部分。

(5)这个过程会持续进行，直到处理完序列中的所有元素。

在 RNN 中，每一时刻的输出结果都与上一时刻的输入有着非常大的关系，如果我们将输入序列换个顺序，那么我们得到的结果将截然不同，这就是 RNN 的特性，可以处理序列数据，同时对序列也很敏感。

2.3.2 循环神经网络的优缺点

RNN 最大的优点是能够处理任意长度的序列，并且能够捕捉到序列中长距离的依赖关系。这使得 RNN 在处理诸如机器翻译、语音识别等任务时表现出色。

其主优点如下：

（1）处理序列数据：RNN 能够处理任意长度的序列数据，这使得它在处理诸如时间序列分析、语音识别、自然语言处理等任务时具有优势。

（2）捕捉时间依赖性：RNN 的循环结构使它能够捕捉到输入数据中的时间序列信息，即前后数据点之间的依赖关系。

（3）共享参数：在 RNN 中，所有时间步都使用相同的权重，这意味着网络需要学习的参数数量相对较少。

（4）灵活性：RNN 可以应用于各种任务，包括分类、生成等。例如，在自然语言处理中，RNN 可以用于情感分类（将文本分类为正面或负面），也可以用于文本生成（如生成诗歌或故事）。

RNN 的缺点：

（1）梯度消失和爆炸：在训练深度 RNN 时，可能会遇到梯度消失或梯度爆炸的问题。这使得 RNN 难以捕捉序列中的长期依赖关系。

（2）计算资源需求大：由于 RNN 的递归性质，它需要在每个时间步更新其状态。这使得 RNN 在处理长序列时需要大量的计算资源。

（3）无法并行处理序列：由于 RNN 在处理序列时需要依赖前一个时间步的状态，因此无法进行并行计算，这限制了其处理大规模数据的能力。

（4）难以捕捉长期依赖：虽然理论上 RNN 能够捕捉任意长度的历史信息，但在实践中，由于梯度消失和爆炸问题，RNN 通常只能捕捉到近期的信息。

2.3.3 循环神经网络的基本结构

RNN 的基本结构由一个输入层、一个隐藏层和一个输出层组成。在 RNN 中，隐藏层的值不只由当前的输入决定，还受上一个隐藏层的值的影响。这种结构使得 RNN 能够在网络中传递信息，从而捕捉序列中的时序依赖关系。

循环神经网络的训练方法是通过随时间反向传播（backpropagation through time，BPTT）算法，将循环神经网络按照时间展开成一个深度神经网络，然后使用反向传播算法更新参数。

循环神经网络虽然具有记忆能力，但是在实际应用中存在一些问题，比如梯度消失或梯度爆炸、长期依赖等。为了解决这些问题，人们提出了一些改进的循环神经网络结构，比如长短期记忆网络（long short-term memory，LSTM）和门控循环单元（gated recurrent unit，GRU）。这些结构引入了门机制，可以控制信息的流动和遗忘，从而增强了循环神经网络的记忆和学习能力。

2.3.4　常用的循环神经网络

循环神经网络可以利用隐藏状态来存储之前时间步的信息，从而捕捉数据中的时序信息和语义信息。常用的循环神经网络有以下几种。

单向循环神经网络(unidirectional RNN)：只考虑当前时刻之前的序列信息，适用于预测、生成等任务。单向循环神经网络(RNN)是一种能够处理序列数据的神经网络模型。它们的特点是在每个时间步，不仅接收当前输入，还将接收的上一个时间步的隐藏状态作为额外输入。这样，RNN 可以利用隐藏状态来存储和传递之前的信息，从而捕捉序列中的依赖关系。

单向循环神经网络可以应用于各种序列数据的处理，如自然语言处理、语音识别、时间序列预测等。其优点是能够动态地适应不同长度的输入序列，并且能够利用历史信息来增强模型的表达能力。

双向循环神经网络(bidirectional RNN BRNN)：BRNN 是一种能够捕获序列数据中的前后依赖关系的神经网络模型。它由两个独立的 RNN 组成，一个 RNN 按照时间顺序处理序列数据，另一个 RNN 按照时间逆序处理序列数据。这两个 RNN 的输出会在每个时间步被合并，以生成最终的输出。

BRNN 的主要优点是能够同时考虑到给定时间步之前和之后的信息，这使得它在处理诸如语音识别、自然语言处理等任务时具有优势。然而，BRNN 的一个主要缺点是需要更多的计算资源，因为它需要训练两个独立的 RNN。

总的来说，尽管 BRNN 在计算复杂性上比传统的 RNN 更高，但它能够提供更丰富的上下文信息，从而在处理更多任务时具有更好的性能，同时考虑当前时刻之前和之后的序列信息，适用于分类、识别等任务。

长短期记忆网络(long short-term memory, LSTM)：在循环神经网络的基础上增加了门控机制，可以有效地解决长期依赖问题，即保留或遗忘一些重要或无关的信息。

LSTM 的设计灵感来自于计算机的逻辑门。LSTM 引入了记忆元(memory cell)，或简称为单元(cell)。有些文献认为记忆元是隐状态的一种特殊类型，它们与隐状态具有相同的形状，其设计目的是用于记录附加的信息。为了控制记忆元，我们需要许多门。其中一个门用来从单元中输出条目，我们将其称为输出门(output gate)。另外一个门用来决定何时将数据读入单元，我们将其称为输入门(input gate)。我们还需要一种机制来重置单元的内容，由遗忘门(forget gate)来管理。

LSTM 并不是只增加 1 个简单的神经网络层，而是增加 4 个，它们以一种特殊的形式交互。这种设计使得 LSTM 能够有效地解决梯度消失问题，并更好地捕获序列中的长距离依赖关系。

门控循环单元(gated recurrent unit，GRU)：它是 LSTM 的简版，也是为了解决长期记忆和反向传播中的梯度问题而提出来的，它只有重置门和更新门这两个门，可以减少计算量和参数数量，同时保持较好的性能。它是当前较为流行的一种 RNN 变种结构。GRU 的不同之处是引入了门控机制。在 GRU 中，有两个门，即更新门和重置门。更新门决定了我们在每个时间步长要保留多少过去的信息，而重置门则决定了我们要丢弃多少过去的信息。这两个门一起工作，使得 GRU 能够在不同的时间步长中保留和丢弃信息，从而有效地捕捉到序列中的长期依赖关系。

具体来说，更新门和重置门都是使用 sigmoid 函数计算的，取值范围为 0 到 1。更新门的值越接近 1，表示我们越倾向于保留过去的信息；而重置门的值越接近 0，表示我们越倾向于丢弃过去的信息。这种设计使得 GRU 能够根据输入序列的具体内容动态地调整其内部状态，从而更好地处理各种不同长度和复杂度的序列。

此外，GRU 相比于 LSTM 有更少的参数，因此计算效率更高，更易于训练。这使得 GRU 在许多任务上都能取得与 LSTM 相当甚至更好的性能。

尽管 GRU 有这些优点，但它也有一定的局限性。例如，由于 GRU 使用了较为简单的门控机制，因此在一些需要复杂模型才能捕捉到依赖关系的任务上，GRU 可能无法达到最佳性能。此外，尽管 GRU 在理论上可以处理任意长度的序列，但在实际应用中，由于硬件资源和计算能力的限制，处理超长序列仍然是一个挑战。

总的来说，GRU 是一种强大而高效的模型，适用于处理各种序列数据。尽管它有一定的局限性，但通过不断地研究和改进，我们有理由相信 GRU 将在未来继续发挥重要作用。

2.4　生成对抗网络

2.4.1　什么是生成对抗网络

生成对抗网络(GAN)是一种深度学习的方法，它可以用来生成逼真的数据，比如图像、音频、文本等。生成对抗网络由两个神经网络组成，一个是生成器(generator)，一个是判别器(discriminator)。生成器的作用是从随机噪声中生成数据，判别器的目的是区分数据是真实的还是生成的。两个网络相互竞争，不断提高自己的能力，最终使得生成器能够生成足以欺骗判别器的数据。

生成对抗网络的原理是基于博弈论的思想，即两个网络之间形成了一个零和博弈，即一个网络的损失就是另一个网络的收益。生成器试图最大化判别器的误判率，即让判别器认为生成的数据是真实的。判别器试图最小化自己的误判率，即正确地区分真实数据和生成数据。当两个网络达到纳什均衡(Nash equilibrium)时,即判别器无法区分真实数据和生成数据时,生成对抗网络就完成了训练。

生成对抗网络最早由 Ian Goodfellow 等人于 2014 年提出,并在图像生成方面取得了令人惊叹的效果。自此之后,生成对抗网络就成为了深度学习领域中最热门和最有前景的研究方向之一。许多学者和工程师在不断地改进和扩展生成对抗网络,使其能够应用于更多的领域和任务,比如图像风格转换、超分辨率、视频合成、文本生成、语音合成等。

生成对抗网络的优点是它可以无监督地学习数据的分布,并且可以产生高质量和多样性的数据。生成对抗网络的缺点是它很难训练,容易出现模式崩溃(mode collapse)和梯度消失(vanishing gradient)等问题。模式崩溃是指生成器只能生成少数几种类型的数据,而忽略了数据分布的其他部分。梯度消失是指当两个网络之间的差距过大时,梯度会变得很小,导致训练停滞或者不稳定。

为了解决这些问题,研究者们提出了许多改进和升级的生成对抗网络,比如条件生成对抗网络(conditional GAN)、深度卷积生成对抗网络(deep convolutional GAN)、循环生成对抗网络(recurrent GAN)、信息最大化生成对抗网络(infoGAN)、wasserstein GAN、cycleGAN 等。这些方法在不同方面对原始的 GAN 进行了改进,比如增加了额外的条件信息、使用了更深或更复杂的网络结构、引入了新的损失函数或优化方法等。

2.4.2　生成对抗网络基本结构

生成对抗网络(GAN)是一种深度学习模型,它可以通过对抗性的训练过程,学习从数据中生成新的样本。GAN 的基本结构由两个神经网络组成:生成器(generator)和判别器(discriminator)。

生成器的目标是从一个随机噪声向量(z)出发,生成一个与真实数据分布(p_{data})相似的假数据(x_{fake}),即 $p_G(x_{fake}|z)$。判别器的目标是区分输入的数据是真实的(x_{real})还是生成的(x_{fake}),即输出一个 0 到 1 之间的概率值 $D(x)$。

GAN 的训练过程可以看作是一个零和博弈,生成器和判别器互相竞争,不断提高自己的能力。生成器试图欺骗判别器,使其无法区分真假数据,判别器试图识别出生成器的伪造数据,使其输出接近于 0 或 1。

GAN 的训练目标可以用式(2.11)表示:

$$\min\max V(D, G) = E_{x \sim pdata(x)}\left[\lg D(x)\right] + E_{z \sim pz(z)}\left[\lg(1-D(G(z)))\right] \qquad (2.11)$$

其中,E 表示期望,$pz(z)$ 表示噪声向量的分布,通常为均匀分布或正态分布。

GAN 的训练算法如下。

(1)初始化生成器和判别器的参数。

（2）重复以下步骤直到收敛：

①从噪声向量分布 $pz(z)$ 中采样 m 个噪声向量 $\{z^{(1)}, \cdots, z^{(m)}\}$。

②从数据分布 $pdata(x)$ 中采样 m 个真实数据 $\{x^{(1)}, \cdots, x^{(m)}\}$。

③使用生成器将噪声向量转换为假数据 $\{G(z^{(1)}), \cdots, G(z^{(m)})\}$。

④使用判别器计算真实数据和假数据的输出 $\{D(x^{(1)}), \cdots, D(x^{(m)})\}$ 和 $\{D(G(z^{(1)})), \cdots, D(G(z^{(m)}))\}$

⑤计算判别器的损失函数：

$$L_D = -\frac{1}{m}\sum_{i=1}^{m}\left[\lg D(x^{(i)}) + \lg(1 - D(G(z^{(i)})))\right] \tag{2.12}$$

⑥使用梯度下降法更新生成器的参数：

$$\theta_D \leftarrow \theta_D - \alpha\nabla_{\theta_D}L_D \tag{2.13}$$

其中，α 表示学习率；∇ 表示梯度。

⑦计算生成器的损失函数：

$$L_G = -\frac{1}{m}\sum_{i=1}^{\cdots}\log D(G(z^{(i)})) \tag{2.14}$$

⑧使用梯度下降法更新生成器的参数：

$$\theta_G \leftarrow \theta_G - \alpha\nabla_{\theta_G}L_G \tag{2.15}$$

GAN 具有强大的生成能力，可以应用于多个领域，例如图像生成、图像转换、文本生成、语音合成等。GAN 也存在一些挑战和问题，例如模式崩溃（mode collapse）、训练不稳定、评估困难等。

2.4.3　常用生成对抗网络

常用的对抗生成网络有以下几种。

DCGAN：深度卷积生成对抗网络，使用卷积神经网络作为生成器和判别器，提高了模型的稳定性和效果。DCGAN 模型的生成器（G）和判别器（D）都使用 CNN 结构，而不是全连接层。生成器使用反卷积层（也叫转置卷积层）从一个随机向量中生成图像，判别器使用卷积层来判断图像是真实的还是生成的，用来制作高质量的图像。

DCGAN 模型的生成器和判别器都使用批量归一化（BN）层来加速训练过程和提高稳定性。BN 层可以减少内部协变量偏移，防止梯度消失或爆炸。

DCGAN 模型的生成器除了输出层使用双曲正切（tanh）激活函数，其他层都使用整流线性单元（reLU）激活函数。这样可以增加非线性，避免输出过于平滑。

DCGAN 模型的判别器所有层都使用泄漏整流线性单元（LeakyreLU）激活函数，而不是普通的 reLU。这样可以防止梯度为零的区域，增加模型的表达能力。

　　DCGAN 模型舍弃了池化层，而是使用步幅卷积来实现下采样或上采样。这样可以保留更多的空间信息，提高图像质量。

　　stackGAN：堆叠生成对抗网络，使用两个级联的 GAN 来从文本描述中生成高分辨率的图像，分别称为 stage-Ⅰ 和 stage-Ⅱ。stackGAN 的主要思想是将复杂的图像合成问题分解为两个更容易处理的子问题，即草图生成和细节增强。stackGAN 的优点是能够根据文本描述生成具有丰富细节和逼真外观的图像，同时保持与文本的语义一致性。stackGAN 的缺点是需要大量的标注数据来训练文本编码器和 GAN 模型，以及对文本描述的质量和长度有一定的要求。早期的基于 GAN 的文本到图像合成方法只能生成低分辨率（例如 64×64）的图像，并且缺乏细节和清晰度。这是因为在低分辨率下，图像中包含的信息量较少，而在高分辨率下，图像中包含的信息量较多，因此直接从文本描述中生成高分辨率图像是非常困难的。此外，这些方法也没有考虑到文本描述中可能存在的多样性和复杂性，例如不同层次、不同角度、不同属性等。为了解决这些问题，stackGAN 提出了一种分阶段（stage-by-stage）的方法来逐步提升图像质量和分辨率。stackGAN 将文本到图像合成任务分解为两个子任务：草图生成（sketch generation）和细节增强（detail enhancement）。草图生成阶段（Stage-Ⅰ）负责根据文本描述生成具有基本形状和颜色的低分辨率（例如 64×64）图像；细节增强阶段（Stage-Ⅱ）负责根据草图生成阶段输出的低分辨率图像和文本描述生成具有细节和清晰度的高分辨率（例如 256×256）图像。通过这种方式，stackGAN 可以有效地利用不同层次的条件信息，并逐渐提升图像质量。草图生成阶段的条件生成器（G1）的输入是 1 个随机噪声向量 z 和 1 个文本嵌入向量 t，输出是 1 个低分辨率图像 x。G1 的结构是一个深度残差网络（deep residual network），它由 1 个全连接层、4 个上采样层（up-sampling layer）和 1 个卷积层组成。全连接层将 z 和 t 拼接在一起，并映射到一个高维向量；上采样层通过转置卷积（transpose convolution）和批归一化（batch normalization）来逐步增加特征图的大小；卷积层通过一个 1×1 的卷积核来输出最终的图像。草图生成阶段的条件判别器（D1）的输入是一个低分辨率图像 x 和一个文本嵌入向量 t，输出是 1 个标量 s，表示 x 是真实图像还是生成图像的概率。D1 的结构是一个深度卷积神经网络（deep convolutional neural network），它由 4 个下采样层（down-sampling layer）和 1 个全连接层组成。下采样层通过卷积、批归一化和激活函数来逐步减少特征图的大小；全连接层将最后一层的特征图和 t 拼接在一起，并映射到一个标量。为了使生成器 G1 能够更好地捕捉文本描述中的语义信息，并使生成的图像与文本描述更加一致，stackGAN 引入了一个辅助分类器（auxiliary classifier）4 来对生成器 G1 进行额外的监督。辅助分类器的输入是 G1 生成的低分辨率图像 x，输出是一个类别标签 y，表示 x 属于哪个类别。辅助分类器的结构与判别器 D1 相似，只是最后一层使用了一个 softmax 函数来输出类别概率。辅助分类器可以帮助生成器 G1 学习到更加鲁棒和区分度更高的特征，并提高生成图像的质量。

　　cycleGAN：循环一致性生成对抗网络，使用两个 GAN 来实现不同域之间的图像转换，它可以在没有成对数据的情况下，实现不同图像域之间的风格迁移。例如，它可以将照片转换为油画，将马变成斑马，或者进行风格迁移等。cycleGAN 的主要贡献是引入了循环一致性损失（cycle consistency loss）函数，使得生成器能够保持输入和输出图像之间的一致性，从而提高转换的质量和可信度。早期的基于 GAN 的图像到图像转换方法需要成对的训练数据，即输入图像和输出图像之间存在一一对应的关系。然而，在许多情况下，获取成对的训练数据是非常困难或者不可行的，例如从照片到油画或者从马到斑马等。因此，如何在没有成对数据的情况下，实现不同图像域之间的转换，是一个有趣而重要的问题。为了解决这个问题，cycleGAN 提出了一种无监督的学习方法来进行不同图像域之间的转换。cycleGAN 不需要成对的训练数据，只需要两个不同域（例如 A 和 B）中的无标签图片集合。cycleGAN 利用两个生成器（例如 G 和 F）来分别实现 A 到 B 和 B 到 A 两个方向的转换，并利用两个判别器（例如 D_A 和 D_B）来分别判别 A 域和 B 域中真实图片和生成图片之间的差异。cycleGAN 的生成器能够保持输入和输出图片之间的一致性，即 $G(F(x)) \approx x$ 和 $F(G(y)) \approx y$。通过这种方式，cycleGAN 可以有效地利用无监督数据来学习不同图像域之间的映射关系，并产生高质量且多样化的转换结果。在图像到图像转换任务中，条件变量通常是输入图像，输出图像是生成器的输出。

3D-GAN：三维生成对抗网络，使用三维卷积神经网络作为生成器和判别器，可以从随机噪声中生成三维物体。3D-GAN 的优点是能够隐式地捕捉物体的结构信息，并生成高质量的三维物体；可以广泛应用于三维物体识别。早期的基于 GAN 的三维物体生成方法只能生成低分辨率（例如 32×32×32）的三维物体，并且缺乏细节和清晰度。这是因为在低分辨率下，三维物体中包含的信息量较少，而在高分辨率下，三维物体中包含的信息量较多，因此直接从概率空间生成高分辨率三维物体是非常的。此外，这些方法也没有考虑到概率空间中可能存在的多样性和复杂性，例如不同形状、不同角度、不同属性等。为了解决这些问题，3D-GAN 提出了一种新颖的框架来逐步提升三维物体的质量和分辨率。3D-GAN 利用了最新的体积卷积神经网络和生成对抗神经网络技术，可以广泛应用于三维物体识别。

3D-GAN 使用了 Adam 优化器 来训练模型，并采取学习率衰减策略。具体地，3D-GAN 在前 100 个周期内使用固定学习率 0.0002 来训练模型，在后 100 个周期内采取线性衰减策略来降低学习率。3D-GAN 使用了批次大小为 64 的随机梯度下降法来更新模型参数。

3D-GAN 的损失函数只包括对抗损失（adversarial loss）函数，用于训练生成器 G 和判别器 D，使得 G 能够欺骗 D，而 D 能够区分真实物体和生成物体。对抗损失函数定义如下：

$$L_{adv} = E_{x \sim pdata(x)}\left[\lg D(x)\right] + E_{z \sim pz(z)}\left[\lg(1-D(G(z)))\right] \tag{2.16}$$

其中，$pdata(x)$ 表示真实物体分布；$pz(z)$ 表示随机噪声分布。

age-GAN：age-GAN 是一种基于生成对抗网络(GAN)的人脸老化方法，它可以利用条件 GAN 和潜在向量优化技术，从一个概率空间中生成具有不同年龄段特征的人脸。age-GAN 的优点是能够在不需要成对数据的情况下，实现高质量的人脸老化；能够保持生成人脸与输入人脸的身份一致性；能够提供一个强大的人脸形状描述符，它在无监督的情况下学习，可以广泛应用于人脸识别。早期的 GAN 方法需要输入人脸和输出人脸之间存在一一对应的关系。然而，在许多情况下，获取成对的训练数据是非常困难或者不可行的，例如从年轻到老年或者从老年到年轻等的转换。因此，如何在没有成对数据的情况下，实现高质量且多样化的人脸老化，是一个有趣而重要的问题。为了解决这个问题，age-GAN 提出了一种无监督的学习方法来进行不同年龄段之间的人脸转换。age-GAN 不需要成对的训练数据，只需要两个不同年龄段(例如 A 和 B)中的无标签图片集合。age-GAN 利用一个条件 GAN 来实现 A 到 B 或者 B 到 A 两个方向的转换，并利用一个潜在向量优化技术来重构输入人脸，并保持其身份一致性。通过这种方式，age-GAN 可以有效地利用无监督数据来学习不同年龄段之间的映射关系，并产生高质量且多样化的转换结果。age-GAN 使用了 Adam 优化器来训练模型，并采取了学习率衰减策略。具体地，age-GAN 在前 100 个周期内使用固定学习率 0.0002 来训练模型，在后 100 个周期内使用线性衰减策略来降低学习率。age-GAN 使用了批次大小为 64 的随机梯度下降法来更新模型参数。

pix2pix：基于条件对抗网络的图像到图像转换方法，可以从输入图像中学习映射到输出图像。pix2pix 的优点是能够在不同的任务中实现高质量的图像转换，例如从标签图生成照片，从黑白图生成彩色图，从地图生成航拍图，甚至从素描生成照片。图像到图像转换(Image-to-Image Translation)是一项利用图像作为条件来生成另一种图像的任务，它具有很多实际应用，例如图像增强、图像着色、风格迁移等。图像到图像转换也是一项具有挑战性的任务，因为它需要生成器理解输入图像中的视觉信息，并将其转化为输出图像中的视觉信息，同时保持与输入图像的一致性。pix2pix 使用了 Adam 优化器来训练模型，并使用了学习率衰减策略。具体地，pix2pix 在前 100 个周期内使用固定学习率 0.0002 来训练模型，在后 100 个周期内使用线性衰减策略来降低学习率。pix2pix 使用了批次大小为 1 的随机梯度下降法来更新模型参数。

2.5　小结

本章介绍了人工神经网络和深度学习的关系和基本概念，介绍了几种常见的神经网络模型，人工神经网络是一种模仿生物神经系统的计算模型，它由多个相互连接的人工神经元组成，可以进行非线性的数据处理和学习。人工神经网络是深度学习的基础和核心，广泛应用于图像识别、自然语言处理、语音识别、推荐系统等领域。本章还介绍了人工神经网络的基本概念和结构，包括输入层、隐藏层和输出层，以及激活函数、权重和偏置等。人工神经元的结构和功能，以及感知器作为最简单的人工神经元的原理和功能。人工神经网络的组成和分类，以及多层感知器作为最常见的人工神经网络的结构和特点。前向传播和反向传播算法，以及如何利用梯度下降法来优化人工神经网络的参数。激活函数的作用和种类，以及如何根据不同的任务和场景选择合适的激活函数。损失函数的定义和种类，以及如何根据不同的输出类型选择合适的损失函数。深度学习的优势在于它可以自动地从数据中学习特征表示，而不需要人为地设计特征提取器或者依赖于领域知识。深度学习的挑战在于它需要大量的数据和计算资源，以及合适的模型结构和超参数。深度学习的应用范围非常广泛，涵盖了图像识别、语音识别、自然语言理解、机器翻译、文本生成、图像生成、视频分析、游戏智能等领域。

第 3 章　机器视觉技术及应用

3.1　机器视觉技术概述

机器视觉是一种利用计算机和算法来模拟和理解人类视觉的技术。它将数字图像或视频输入到计算机系统中，然后通过图像处理、模式识别和机器学习等技术，实现图像分析、对象检测、识别和跟踪、图像重建等功能。

机器视觉系统通过机器视觉产品(即图像摄取装置)将被摄取目标转换成图像信号，传送给专用的图像处理系统，得到被摄目标的形态信息，再根据像素分布的亮度、颜色等信息，转变成数字化信号。图像系统对这些信号进行各种运算来抽取目标的特征，进而根据判别的结果来控制现场的设备动作。简单来说，机器视觉就是用机器代替人眼来做测量和判断。

机器视觉是一项综合性的技术，涉及光学、机械、电子、计算机软硬件等多个方面。一个典型的机器视觉系统由相机、光源、图像采集卡/视觉处理器板、独立于硬件产品的视觉软件、接口、线缆和其他视觉配件等组成。通过这些组件的相互配合，机器视觉系统能够对图像进行采集、处理和分析，实现各种应用场景。机器视觉系统的主要构成如图 3.1 所示。

相机是机器视觉系统的核心部件，用于采集图像或视频数据。光源提供光照条件，确保图像质量和对目标的适当照明。图像采集卡/视觉处理器板负责将相机采集到的模拟信号转换为数字信号，并与计算机进行通信。视觉软件是机器视觉系统的关键组成部分，通过算法和技术实现图像处理、特征提取、目标检测和识别等功能。

除了上述核心组件，机器视觉系统还需要接口、线缆和其他配件来连接各个组件，并提供稳定的数据传输和供电。通过这些组件共同协作来实现机器视觉系统的功能和应用。

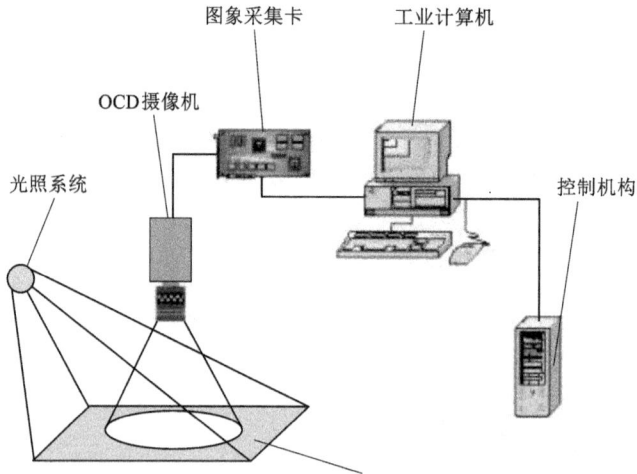

图 3.1　机器视觉系统的主要构成

机器视觉技术是计算机与摄像机、图像传感器等设备的结合，通过获取、处理和分析图像或视频信息，计算机能够模拟人类的视觉系统并进行自动的图像理解和识别。机器视觉技术在各个领域都有广泛的应用，包括但不限于以下几个方面。

工业自动化：机器视觉在工业领域的应用非常广泛，包括产品质量检测、缺陷检测、物体排序和包装、数据的追溯和采集等。通过使用机器视觉系统，可以实现生产线监控和质量控制自动化，提高生产效率和产品质量，从而保证生产的速度。

医学影像：机器视觉在医学领域的应用主要集中在医学影像诊断上，主要利用数字图像处理技术和信息融合技术对 X 射线透视图、核磁共振图像、CT 图像进行分析。此外，机器视觉还可以应用于医学影像数据的统计和分析，帮助医生检测和诊断疾病，如肿瘤检测、病变分析、血管分析等。总之，机器视觉可以提供更准确、全面的医学影像分析结果，帮助医生做出更准确的诊断和治疗决策，提高医疗质量和效率。

安防监控：机器视觉在安防领域的应用包括视频监控、人脸识别、行为分析等。通过监控摄像机和机器视觉系统，可以及时发现和识别的异常行为、入侵者、丢失的物品等，保障人们的安全和防范犯罪。

无人驾驶：机器视觉是实现自动驾驶的关键技术之一。利用摄像机、激光雷达等传感器，机器视觉技术可以实时感知和理解道路、车辆、行人等环境信息，并做出决策和控制，为自动驾驶汽车提供导航保障驾驶安全。

农业与农业机械：机器视觉在农业领域的应用包括作物识别、病虫害检测、果实的采摘和分类等。通过机器视觉系统，可以提高农业生产效率和质量，实现农业机械自动化操作。

游戏与虚拟现实：机器视觉技术在游戏和虚拟现实领域的应用包括姿势识别、面部表情识别、手势控制等。通过机器视觉系统，可以实现与虚拟世界的交互和沉浸式体验。

除了以上应用，机器视觉技术还可以在交通监控、物体识别和跟踪、图像搜索和分类、文档扫描等领域发挥重要作用。

需要注意的是，随着深度学习和计算机视觉技术的发展，机器视觉的应用变得越来越广泛，也变得越来越精确和高效。未来，机器视觉技术将会在更多的领域带来新的突破和创新。

3.2　数字图像处理基础

3.2.1　数字图像处理概述

数字图像处理是指利用计算机和算法对数字图像进行各种操作和改变的过程。它是图像处理领域的核心技术，涉及到图像的获取、预处理、增强、分割、压缩等多个方面。数字图像处理总的来说就是对图像进行各种加工，以改善图像的视觉效果，强调图像之间进行的变换。数字图像处理的基础概念包括以下几个方面。

一、图像的表示和获取

1. 图像表示

数字图像由像素组成，每个像素表示图像中的一个点，包含一定的图像信息。通常，每个像素由一组或一个数字表示。对于灰度图像，每个像素的值表示该点的亮度或灰度值；对于彩色图像，每个像素由多个灰度通道（通常是红、绿、蓝）的组合来表示。

2. 图像获取

图像可以通过数字摄像机、扫描仪、磁盘等设备从实际场景中获取。获取的图像将被转换为数字形式，以便计算机进行处理。

二、图像预处理

1. 噪声去除

图像采集过程中常常伴随着噪声，如高斯噪声、椒盐噪声等，因此需要进行去噪操作以提高图像质量。

2. 图像平滑

平滑操作是指利用滤波器或卷积核对图像进行模糊处理，以抑制图像中的噪声并保留主要特征。

3. 对比度增强

对比度增强操作可以调整图像中像素的灰度级别，使图像更具视觉效果和细节。

4. 亮度调整

亮度调整通过线性或非线性变换来改变图像的亮度值，从而调整图像整体亮度和色调。

三、图像增强

1. 灰度变换

灰度变换是指通过映射像素的灰度级别来改变图像的视觉效果，如亮度调整、对比度拉伸、灰度级别映射等。

2. 直方图均衡化

直方图均衡化是指通过重新分布图像中的灰度级别，使图像具有更广泛的对比度范围，以增强图像的视觉效果和细节。

3. 滤波增强

滤波器可以改变图像频率特性，对图像进行锐化或模糊处理，以增强边缘和细节。

四、图像分割

1. 阈值分割

阈值分割指将图像像素的灰度值与设定的阈值进行比较，将像素分为不同的区域。

2. 区域生长

区域生长算法是基于像素的相似性来划分图像区域的，从一个种子像素开始，通过判断相邻像素的相似性将其添加到目标区域中。

3. 边缘检测

边缘检测通过分析图像中像素之间的灰度变化来检测图像的边缘，用于物体检测和轮廓提取。

五、图像压缩

1. 无损压缩

无损压缩方法可以精确地还原图像，不丢失任何信息。常见的无损压缩方法有 Huffman 编码、LZW 算法等。

2. 有损压缩

有损压缩方法可以在一定程度上牺牲图像质量以获得更高的压缩比。JPEG 是一种常用的有损压缩算法，通过减少图像细节和采样降低图像质量。

六、图像恢复

1. 噪声去除

图像中的噪声可以通过滤波器、降噪算法等方法来去除，以恢复图像的清晰度和细节。

2. 图像去模糊

图像模糊可能是在图像采集过程中运动模糊或系统未校正等因素导致的。通过反卷积、图像复原算法等方法，可以尝试恢复图像的清晰度和细节。

3. 图像修复

对于受到损坏的图像，如有缺失、破坏或遮挡部分，可以利用图像修复算法来填补或修复这些缺失区域，以恢复完整的图像。

七、图像处理应用

1. 计算机视觉

数字图像处理在计算机视觉中扮演着重要角色，用于目标识别、物体跟踪、行为分析等。

2. 医学影像

数字图像处理在医学影像领域中广泛应用，用于图像分析、疾病检测、医学图像重建等。

3. 遥感图像

数字图像处理可以用于遥感图像的处理和解译，用于地质勘探、环境监测等。

4. 图像编辑与艺术创作

数字图像处理为图像编辑和艺术创作提供了各种工具和技术，用于图像修饰、合成等。

数字图像处理在计算机视觉、医学影像、遥感图像等领域有广泛应用，通过对图像进行处理和分析，可以提取有用的信息和知识，并为决策和应用提供支持。

数字图像处理系统是指一套包含硬件和软件的系统，用于对数字图像进行各种操作和处理。它通常由图像采集设备、图像处理算法和图像显示/输出设备组成，可以执行图像获取、预处理、分析、增强、压缩等功能。

数字图像处理系统的主要组成部分包括以下几个方面。

(1)图像采集设备：是用于从现实世界中获取图像数据的设备，如数字相机、扫描仪、摄像机等。它们将图像转换为数字形式，以便计算机进行处理。

(2)图像处理算法：数字图像处理系统依赖于各种算法和技术来对图像进行处理和分析。这些算法包括滤波、边缘检测、直方图均衡化、图像分割、压缩等操作，以实现图像的预处理、增强、分析和压缩等功能。

(3)图像显示/输出设备：将处理后的图像结果可视化或输出到其他设备。常见的图像显示设备包括计算机显示器、打印机、投影仪等。

(4)图像处理软件：为了方便用户使用和操作图像，数字图像处理系统通常配备了相应的图像处理软件。这些软件提供了图像处理的用户界面、操作工具和功能选项，使用户能够轻松地进行图像处理操作。

数字图像处理系统的工作流程通常包括以下几个步骤。

(1)图像获取：通过图像采集设备将现实世界中的图像转换为数字形式，生成原始图像数据。

(2)图像预处理：对原始图像进行预处理，包括噪声去除、平滑、增强对比度等操作，以提高图像质量和准确性。

(3)图像分析与处理：根据具体需求和用途，应用各种图像处理算法和技术，如图像分割、特征提取、目标识别等，对图像进行分析和处理。

（4）图像增强：根据需要对图像进行增强操作，如调整亮度、对比度、饱和度，改变色彩空间等，以改善图像的视觉效果和细节。

（5）图像压缩：对图像进行压缩，以减少图像数据的存储空间和传输带宽，常用的压缩方法包括无损压缩和有损压缩。

（6）图像显示/输出：将处理后的图像结果通过图像显示设备进行显示，或输出到打印机、存储设备等。

数字图像处理系统在计算机视觉、医学影像、遥感图像等领域有广泛应用，通过对图像进行各种处理和分析，可以提取有用的信息和知识，并为决策和应用提供支持。

3.2.2　图像的感知和获取

图像的感知和获取是数字图像处理的两个重要概念，涉及到人类对图像的主观感知和获取图像数据的过程。图像的感知涉及人类对图像的主观视觉感受和理解，而图像的获取是从现实世界中获取图像数据的过程。图像的感知和获取对于图像处理任务和应用具有重要意义，为设计有效的图像处理算法和系统奠定了基础。

一、图像的感知

图像的感知是指人类对图像的主观视觉感受和理解。人眼通过感光细胞（视锥细胞和视杆细胞）将光信号转化为神经信号，然后大脑对这些信号进行处理和解读，形成我们对图像的视觉感知。

图像的感知与图像的特征有关，包括亮度、对比度、颜色、纹理、形状等。人眼对亮度的感知受到光的强度的影响，而对比度表示图像中不同区域之间的亮度差异。颜色感知涉及到人眼对不同波长光的敏感度，纹理感知与图像中的重复模式或细节有关，形状感知则涉及轮廓、边缘等特征。

图像的感知对于图像处理任务至关重要，例如目标识别、物体检测、行为分析等应用都依赖于人类对图像的感知能力。因此，设计图像处理算法时需要考虑人类感知的特征和规律，以获得更好的图像处理效果。

二、图像的获取

图像的获取是指从现实世界中获取图像数据的过程。图像可以从各种设备中获取，如数字相机、扫描仪、摄像机等。不同的图像获取设备有不同的工作原理和采集方式。

对于数字相机和扫描仪等设备，它们通过感光元件（例如 CCD 或 CMOS）将光信号转换为电信号，然后将这些电信号转换为数字形式，形成由像素组成的图像数据。摄像机通过图像传感器（例如 CCD 或 CMOS）采集连续流的图像数据，并通过采样和量化的过程将其转换为数字图像。

在图像获取过程中，需要考虑不同的因素，如光照条件、摄像机参数设置、色彩校准等，以获得高质量和准确的图像数据。同时，还需要考虑图像的分辨率和采样率，以满足具体应用对图像质量和细节的需求。

将照射能量转换为数字图像主要有以下 3 种传感器配置：其一是使用单个传感器获取图像。其二是使用条带传感器获取图像：如磁共振成像（MRI）和正电子发射断层成像（PET）等。其三是使用阵列传感器获取图像：如单反相机和手机相机。

3.2.3　图像的采样和量化

图像的采样和量化是将连续的图像转换为离散的数字形式的过程，它们是数字图像处理的两个重要步骤。采样将图像分割为离散的像素阵列，而量化将灰度或颜色级别离散化为有限的级别。这些过程在数字图像处理中起着重要的作用，对保留图像细节和压缩存储都具有重要意义。

一、图像的采样

图像的采样是将连续的空间域图像转换为离散的像素阵列的过程。在采样过程中，图像被划分成一系列小方块，每个方块称为一个像素，相邻像素之间有固定的距离。采样的目的是以有限的存储和计算资源来近似表示原始图像，同时保留图像的重要特征。采样频率(采样间隔)决定了图像在空间域中的细节和分辨率。较高的采样频率，所得图像的像素数越多，分辨率越高，可以更准确地表示图像的细节，但会导致更大的数据量；较低的采样频率，所得图像的像素数越少，分辨率越低，图像质量越差，严重时会出现马赛克效应。

常见的图像采样方式有以下几种。

均匀采样：将图像等间隔地划分为小方块，使每个方块对应一个像素，并在每个小方块的中心选择一个采样点来表示图像。均匀采样简单快速，能够保留图像的整体结构和特征，但可能会导致采样失真和信息丢失。

最近邻采样：对于每个像素，通过选择离目标位置最近的采样点的像素值作为目标像素的值来进行图像采样。最近邻采样简单快速，能够较好地保留图像的整体结构，但可能会引起锯齿状效应和信息丢失。

双线性插值：通过对邻近的 4 个采样点进行加权平均，计算出像素的颜色值。这样可以更好地保留图像的细节和平滑过渡。然而，这种方法仍然存在信息丢失和计算成本较高的问题。

二、图像的量化

图像的量化是将连续的灰度或颜色级别转换为离散的数字形式的过程。在量化过程中,对每个像素的灰度或颜色值进行离散化,将其映射到最接近的离散级别上。灰度量化是指将图像中每个像素的亮度值转换为离散的灰度级别。常见的灰度级别有 256 级(8 位),表示灰度范围从 0(黑色)到 255(白色)。具体的量化方法可以通过简单地将连续的灰度值四舍五入到最接近的灰度级别来实现。

颜色量化是指将图像中每个像素的颜色值转换为离散的颜色级别。常见的颜色级别有 24 位真彩色(RGB)和 8 位调色板颜色。量化颜色可以采用过程类似于灰度量化的方法,将连续的颜色值映射到最接近的离散颜色级别上。

图像的量化可能会引入量化误差,即离散化导致的信息丢失或失真。较低的量化级别会导致较大的量化误差,而较高的量化级别可能会增加存储和计算的开销。

3.2.4　彩色图像处理

彩色模型是用于描述和表示彩色图像的方法。彩色模型定义了如何组织和表示彩色信息,以便在计算机上进行处理和显示。常见的彩色模型如下。

一、RGB 模型

RGB 模型(红-绿-蓝)是一种常用的彩色模型,也是计算机图形学和显示设备中最常用的彩色表示方式。在 RGB 模型中,颜色通过红色(R)、绿色(G)和蓝色(B)3 个通道的组合来表示。每个通道的数值范围通常是从 0 到 255,表示对应颜色的强度或亮度。例如,(255, 0, 0)表示纯红色,(0, 255, 0)表示纯绿色,(0, 0, 255)表示纯蓝色。通过调整每个通道的数值,可以形成不同的颜色。例如,(255, 255, 0)表示黄色(红色和绿色的组合),(255, 0, 255)表示品红色(红色和蓝色的组合),(0, 255, 255)表示青色(绿色和蓝色的组合)。

RGB 模型的优点之一是它可以表示广泛的颜色范围和饱和度。不同强度的红、绿和蓝颜色组合几乎可以产生任何颜色,包括自然色彩和亮丽的饱和色彩。由于 RGB 模型与显示设备的工作方式相匹配,因此它可以直接在计算机屏幕上显示图像。

在图像处理和计算机视觉应用中,RGB 模型广泛用于图像的获取、编辑和处理。然而,RGB 模型也受到一定的限制,例如它不是在所有方面都与人类对颜色的感知方式相对应。因此,在某些情况下,其他彩色模型如 HSV、Lab 等更适合进行颜色调整和处理。

总体而言,RGB 模型在计算机图形学、显示技术和图像处理领域有重要的地位,并且广泛应用于计算机、电视、手机等多种设备中。它为我们提供了一种方便有效的表示和操作彩色图像和图形的方式。

二、HSI 模型

HSI 模型(色调-饱和度-强度)是一种常用的彩色模型。HSI 模型以人类对颜色的感知方式为基础,将颜色分为 3 个要素:色调(hue)、饱和度(saturation)和强度(intensity)。色调表示颜色的种类或色相,即人眼所感知到颜色。在 HSI 模型中,色调的取值范围是 0°到 360°,包括了所有的颜色。0°对应于红色,120°对应于绿色,240°对应于蓝色等。饱和度指颜色的纯度或鲜艳程度。在 HSI 模型中,饱和度的取值范围是 0 到 1。0 表示无色,即灰阶图像;1 表示最高饱和度,是纯色。强度表示颜色的亮度或明暗程度。在 HSI 模型中,强度的取值范围是 0 到 1。0 表示最暗的黑色,1 表示最亮的白色。

HSI 模型的优点在于它提供了一种直观的颜色描述方式。将颜色的亮度、饱和度和色调分开表示,方便在颜色编辑、图像处理和调整方面进行操作。例如,可以通过改变色调来实现颜色的旋转或变换,通过调整饱和度来改变颜色的鲜艳程度,通过改变强度来调整颜色的明暗度。

HSI 模型在图像处理和计算机视觉中有广泛的应用,例如图像分割、目标检测、颜色调整、颜色增强等。通过在 HSI 空间中对颜色进行操作,可以方便地对图像的颜色进行调整和处理,提供更好的视觉效果和图像质量。同时,由于 HSI 模型与人类对颜色的感知紧密相关,因此在一些人机交互和用户界面设计的场景中也有应用。

三、HSV 模型

HSV 模型是一种常用的彩色模型,也被称为色调-饱和度-明度模型(hue-saturation-value)。HSV 模型以人类对颜色的感知方式为基础,将颜色的属性分为三个要素。色调表示颜色的种类或色相,即人眼所感知到的颜色。在 HSV 模型中,色调的取值范围是 0°到 360°,涵盖了所有的颜色。0°对应于红色,120°对应于绿色,240°对应于蓝色等。通过改变色调的值,可以在颜色空间中切换不同的基本色。饱和度指的是颜色的纯度或鲜艳程度。在 HSV 模型中,饱和度的取值范围是 0 到 1,其中 0 表示无彩色(灰度),1 表示最高饱和度,是纯色。通过调整饱和度的值,可以改变颜色的鲜艳度或淡化颜色。明度表示颜色的亮度或明暗程度。在 HSV 模型中,明度的取值范围是 0 到 1,其中 0 表示最暗的黑色,1 表示最亮的白色。通过调整明度的值,可以改变颜色的明亮度或暗度。

HSV 模型的优点在于它提供了一种直观的颜色描述方式。将颜色的色相、饱和度和明度分开表示,方便在颜色编辑和调整方面进行操作。例如,通过改变色调,可以实现颜色的旋转或变换;通过调整饱和度,可以改变颜色的鲜艳度;通过调整明度,可以调整颜色的明暗程度。

HSV 模型在图像处理、计算机视觉和计算机图形学中有广泛的应用。它被用于颜色选择、颜色分割、颜色区域检测、图像编辑、特效处理等方面。HSV 模型也常用于编写图像处理算法、开发图像编辑软件以及设计图形用户界面(GUI)等场景中,以简化对颜色属性的操作和调整。

不同的彩色模型适用于不同的应用场景和需求,选择适当的彩色模型有助于处理和表示彩色图像。在实际应用中,可以通过不同彩色模型的转换来实现不同颜色空间的相互转换和操作。

彩色变换是一种将图像的颜色属性进行修改或转换的技术。它可以用于图像处理、计算机视觉和计算机图形学等领域,以改变图像的外观、增强图像特征或满足特定的需求。彩色变换可以有多种形式,以下是几种常见的彩色变换技术。

(1)色彩调整:色彩调整是一种改变图像整体色调或特定颜色分布的变换。例如,调整图像的白平衡可以改变整体的色温和色调,使图像更接近真实的色彩效果。还可以通过调整色阶、对比度和饱和度等参数来增强或减弱图像的颜色效果。

(2)颜色空间转换:颜色空间转换是指在不同的彩色模型之间进行转换,如 RGB 到HSV、RGB 到 HSI 等。通过转换到不同的颜色空间,可以方便地对图像进行特定颜色的编辑和处理。例如,在 HSV 空间,可以更直观地调整色调、饱和度和明度来修改颜色。

(3)彩色滤镜:彩色滤镜是指通过叠加特定的彩色滤镜效果,改变图像的颜色分布。彩色滤镜可以用于模拟黑白摄影下不同滤镜的效果,如增强红色或蓝色的对比度。还可以使用彩色滤镜来创建各种风格的照片效果,如复古风格、冷色调或暖色调等。

(4)调色板映射:调色板映射是一种将原始图像的颜色映射到新的调色板或颜色映射表(color lookup table,CLUT)的技术。通过调色板映射,可以实现对图像的整体颜色风格的变换,如转变为黑白图像、改变颜色调性等。

彩色变换可以应用于照片编辑、电影特效、艺术创作、计算机图形渲染和视觉效果等多个领域。它提供了丰富的控制和赋予图像更多表达力和艺术性的方式。

色调和彩色校正是两个与颜色相关的概念和技术。

(1)色调(color correction):色调校正是指通过调整图像的色彩属性,使其更准确地呈现真实的颜色。它可以通过调整白平衡、去除色偏、修正色彩失真等方式来实现。色调校正的目的是使图像中的颜色与实际场景中的颜色保持一致。

白平衡调整:白平衡是指通过调整图像中白色或灰色参考色的颜色温度,去除图像中的色偏。常见的白平衡方法包括手动设置、使用参考色、使用自动白平衡算法等。

色彩校正:色彩校正用于调整图像中不准确或失真的颜色。它可以通过修改图像的颜色曲线、应用颜色校正滤镜或进行颜色映射等方式来进行。

(2)彩色校正(color grading):彩色校正是一种用于调整图像或视频色调和外观的技术,常用于图像后期处理。彩色校正可以通过调整色调曲线、颜色平衡、对比度、饱和度以及应用特定的颜色调色板等方式,给图像或视频赋予特定的外观和情感。

色调曲线：通过调整色调曲线，可以改变图像的整体色调和对比度。通过增加或减小特定区域的亮度和色彩值，可以实现各种独特的外观和效果。

颜色平衡：颜色平衡用于调整图像中不同颜色通道的强度，以改变整体的色彩效果。它可以通过增加或减小红、绿、蓝3个通道的强度来实现，从而改变图像的色彩偏向。

饱和度调整：通过调整图像的饱和度，可以增加或减小图像中颜色的纯度和鲜艳度。增加饱和度可以使颜色更加鲜艳，减小饱和度可以使颜色变得柔和和淡化。

色调和彩色校正技术在电影制作、广告设计、摄影后期处理等领域有广泛的应用。它们可以改善图像的视觉品质、调整图像的情感表达，并为创作者带来更大的表现和创作空间。

彩色图像的平滑和锐化是一种图像处理技术，用于提高图像的视觉质量、突出图像的细节或增强图像的边缘。彩色变换是变换图像中的每个像素而不考虑像素的邻域，那么下一步自然是根据周围像素（邻域）的特性来修改像素的值。

（1）彩色图像平滑：也被称为模糊处理或低通滤波，其目的是减少图像中的噪点、纹理或细节，使图像看起来更加平滑。常见的彩色图像平滑技术包括均值滤波、高斯滤波和中值滤波。

均值滤波：通过将每个像素周围区域的颜色值取平均来实现平滑效果。它可以有效地减少噪声，但可能会导致图像细节的模糊。

高斯滤波：通过使用高斯函数对图像进行加权平均来实现平滑效果。它能够保留图像的整体细节，并减少噪声的影响。

中值滤波：通过将像素周围区域的颜色值按中值进行排序来实现平滑效果。它能够有效地去除椒盐噪声和其他噪点，但可能会导致图像细节的损失。

（2）彩色图像锐化：彩色图像锐化的目标是增强图像的边缘和细节，使图像更加清晰和有立体感。常见的彩色图像锐化技术包括增强锐化、拉普拉斯滤波和边缘增强滤波。

增强锐化：通过将图像与其模糊版本的差异进行加权和叠加来实现。它能够提高图像的边缘和细节。

拉普拉斯滤波：是一种边缘检测滤波器，能够突出图像的边缘。它可以通过将图像与拉普拉斯算子进行卷积来实现。

边缘增强滤波：通过增强图像的局部对比度来突出图像的边缘。常见的边缘增强滤波器包括 Sobel 滤波器和 Prewitt 滤波器等。

彩色图像的平滑和锐化技术可以根据具体的应用需求进行选择和使用。平滑可以用于去除噪声和纹理，锐化可以用于突出细节和边缘。在实际应用中，需要根据图像的特点和目标效果来选择合适的平滑和锐化方法。

3.3　硬件系统

3.3.1　硬件系统主要构成

机器视觉硬件系统是一种用于图像和视觉处理的专用硬件系统，旨在满足计算机对图像和视频数据进行高速处理和分析的需求。它包括图像采集设备、图像处理器、存储设备、接口和通信模块，以及可能的嵌入式系统和开发板等组件。这些组件共同协作，使机器视觉系统能够高效地进行图像和视觉处理，并满足不同应用的需求。下面详细介绍机器视觉硬件系统的各个组件。

图像采集设备：机器视觉系统通常包括用于采集图像和视频的设备，例如摄像头、相机或扫描仪。这些设备能够捕捉现实世界中的视觉信息，并将其转换为数字图像或视频数据，以供后续处理和分析。

图像处理器：图像处理器是机器视觉硬件系统中的核心组件，它专门用于对图像和视频数据的高速处理。这种处理器可以是通用处理器、图形处理器（GPU）或专用的数字信号处理器（DSP）。它们能够执行各种图像处理操作，如图像增强、噪声去除、边缘检测、物体识别等。

存储设备：存储设备用于存储采集到的图像和视频数据，以及处理后的结果和中间数据。常见的存储设备包括硬盘驱动器、固态硬盘和闪存卡等。高容量的存储设备能够存储大量的数据，以便进行离线处理和后续分析。

接口和通信模块：机器视觉硬件系统通常需要与其他设备和系统进行通信和数据传输，为此，它们配备了各种接口和通信模块，如以太网接口、USB 接口、HDMI 接口和无线通信模块等。这些接口和模块可以使系统与计算机、网络或其他外部设备进行数据交互和通信。

嵌入式系统和开发板：一些机器视觉硬件系统采用嵌入式系统或开发板的形式。这些系统集成了处理器、存储器、接口等组件，可以进行图像处理和分析任务。开发板通常提供了丰富的软件和接口支持，方便开发人员进行算法开发和系统集成。

其他组件：机器视觉硬件系统可能还包括其他组件，如光学镜头、滤波器、传感器和机械部件等。这些组件可以用于调整和优化图像采集过程，以及适应不同的应用场景和需求。

3.3.2　工业相机

工业相机是一种专门设计用于工业应用的高性能图像采集设备。相比于普通消费级相机，工业相机具备更强的稳定性、可靠性和可定制性，能够适应各种恶劣的工作环境和要求。一般来说，工业相机主要由图像传感器、内部处理电路、数据接口、IO接口、光学接口等几个基本模块组成。当用相机进行拍摄时，光信号首先通过镜头到达图像传感器，然后被转化为电信号，再由内部处理电路对图像信号进行算法处理，最终按照相关标准协议通过数据接口向上位机传输数据。IO接口则为相机与上下游设备的信号交互提供支持，如可以使用输入信号触发相机拍照，相机输出频闪信号控制光源亮起等。下面对工业相机的特点和应用进行简要介绍。

工业相机的特点有以下几个方面：其一是图像质量高，工业相机通常具有高分辨率、低噪声和高动态范围等性能，以捕捉精确、清晰的图像。其二是具有高速采集能力，工业相机能以较高的帧率快速采集图像，满足快速运动或瞬态事件的拍摄需求。其三是长时间的稳定性，工业相机具备长时间工作的稳定性，能适应长时间生产线监控和质量检测等应用。其四是工业级设计，工业相机通常采用耐用的外壳和抗震、抗振动设计，以适应恶劣的工业环境。其五是多种接口选项，工业相机可配备多种接口，如 GigE vision、USB3 vision 和 camera link 等，便于与图像处理系统和设备连接。

工业相机的应用有以下几个方面：其一是自动化生产，工业相机在自动化生产中可用于监测和检测生产过程中的缺陷、错误和异常，以实现高质量生产。其二是机器视觉检测，工业相机可用于机器视觉检测任务，如目标识别、测量、定位、缺陷检测等。其三是品质控制，工业相机可用于对产品进行质量控制和检测，以确保产品符合标准和规格要求。其四是高速拍摄，工业相机可用于拍摄高速运动过程，如高速快照、快速连续拍摄和慢动作分析等应用。其五是视觉导航和定位，工业相机可用于机器人导航和定位，实现自主导航和高精度定位。

工业相机在工业环境中发挥着重要作用，有助于提高生产效率、降低成本和提升产品质量。它们具备高图像质量、高速采集能力、长时间稳定性和工业级设计的特点，适用于自动化生产、机器视觉检测、品质控制、高速拍摄和视觉导航等诸多领域。

3.3.3　传感器

目前，市面上主流的传感器厂商包括 Sony、ONSemi、Gpixel、AMS 等。机器视觉系统制造商将图像传感器与各具特色的硬件电路集成，开发了图像处理功能，为用户提供了丰富的选择。依据不同的分类标准，行业针对不同类型的传感器做出了技术区分。

图像传感器是数字相机、摄像机和手机等设备中用于捕捉光信号并转换为电子信号的关键组件。它是将光能转换为电能的光电转换器件,常用的图像传感器包括电荷耦合设备(CCD)和互补金属氧化物半导体(CMOS)传感器。

CCD 传感器基于金属–绝缘–金属结构,由许多光敏元件(像素)组成。CCD 传感器的工作原理如下:当光照射到 CCD 表面时,光子会与半导体材料中的原子相互作用,激发电子。被激发的电子会被像素的势阱捕获,并形成电荷包。电荷包会在 CCD 内部进行逐行逐列的移动传输,通过一系列的电势和时序控制。电荷被引导至像素输出端,通过电荷放大器和模数转换器将其转换为数字信号。

CCD 传感器的优点是具有较高的光电转换效率和低噪声水平,适用于对图像质量要求较高的应用,如专业摄影和高端摄像机。CCD 传感器的缺点是成本较高,功耗较高,且读取速度较慢。

CMOS 传感器由一系列图像传感单元(像素)组成,每个像素由感光元件、选择器、放大器和模数转换器等组成。CMOS 传感器的工作原理如下:当光照射到 CMOS 传感器上时,光子会与感光元件的半导体材料相互作用,激发电子。被激发的电子会转化为电荷,并存储在像素中。感光元件周围的放大器将电荷转换为电压信号,并增强信号强度。电压信号通过选择器控制输出,并使用模数转换器将其转换为数字信号。

CMOS 传感器的优点是功耗低,集成度高,能快速读取且成本较低。它适用于大多数消费级数码相机、摄像机和手机等设备。CMOS 传感器的缺点是图像质量和动态范围相对较低,尤其在低光条件下表现不如 CCD 传感器。

CCD 传感器和 CMOS 传感器都是常见的图像传感器,它们在工作原理上有所不同,并具有各自的优缺点。随着技术的发展,CMOS 传感器已经逐渐取代了 CCD 传感器,在诸多领域得到了广泛应用,同时 CCD 传感器在某些特殊领域仍然具有一定的优势。

3.3.4 快门类型

快门是一种用于控制感光元件或胶片曝光时间的机械装置。为了保护相机内的感光元件或使胶片不至于曝光,快门总是关闭的。设定好快门速度后,只要按下相机的快门释放钮,在快门开启与闭合的时间内,通过镜头的光线会使相机内的感光元件或胶片获得正确的曝光。

在机器视觉硬件系统中,常见的快门类型包括全局快门(global shutter)和卷帘快门(rolling shutter),它们有不同的工作原理和适用场景。一般来说,CCD 传感器都是全局快门,CMOS 传感器则有全局快门和卷帘快门两种。下面对这两种快门类型进行详细介绍。

全局快门是一种同时曝光整个图像传感器的快门方式。它的工作原理是通过控制图像传感器上所有感光单元的曝光和重置时间,同时获取整个图像,不会出现图像畸变或扭曲。全局快门适用于对快速移动物体或快速变化场景的捕捉，可以准确地捕捉到运动物体的位置和形态，避免图像模糊和扭曲。

卷帘快门是一种逐行逐扫曝光的快门方式，按照从传感器的顶部到底部的顺序逐行读取图像数据。卷帘快门在对每一行进行曝光时，可能存在时间上的微小差异，会导致移动物体出现扭曲或失真。当拍摄速度较慢或场景中无快速移动物体时，卷帘快门可以提供较高的分辨率和图像细节。

快门类型选择主要取决于具体应用需求和环境。全局快门适用于需要精确捕捉快速移动物体或快速变化场景的情况，如快速生产线上的运动物体检测。卷帘快门适用于对静态或慢速移动物体的捕捉，如拍摄静态图像、定点监控和一般的机器视觉应用。

需要注意的是，卷帘快门在捕捉快速运动物体时可能会出现图像扭曲或失真，因此在这些应用场景下，可能需要额外的算法和处理来校正图像畸变。应根据具体应用需求和场景特点选择适合的快门类型，以获得最佳的图像质量和准确性。

3.3.5　数据接口

工业相机按数据接口类型可分为千兆网(GigE)、万兆网(10GigE)、USB 3.0、camera link、coax press 等多种类型的数据传输接口。不同的数据接口有不同的特性，用户可以从线缆长度、传输速度、延迟、架设复杂度、成本等多方面进行来对比选择。数据接口是用于不同设备之间传输数据的连接标准或协议。在机器视觉系统中，数据接口起着将图像数据从采集设备传输到处理系统的重要作用。下面介绍几种常见的数据接口。

GigE vision 是一种基于以太网技术的高性能图像传输协议。在搭配万兆网采集卡和线缆环境后，整套环境能够提供 10 倍于千兆网的带宽，可以满足市场高分辨率、高帧率的需求。它使用以太网连接将图像数据从工业相机传输到图像处理系统。GigE vision 具有较高的带宽和远距离传输的能力，并支持实时传输和控制。这使得它成为工业领域中广泛应用的数据接口之一。与千兆网相同，用户在不更改应用程序软件的情况下，可以将一台兼容 GigE vision 的相机进行更替，使软件兼容更多型号相机，减少开发和维护成本。

USB3 vision 是一种基于 USB 3.0 技术的图像传输协议。它通过 USB 3.0 接口传输图像数据，具有高速数据传输和即插即用的特性。同时，USB 3.0 的硬件普及率极高，从大多数 PC 至微型嵌入式主板均提供 USB 3.0 端口。它能直接进行内存访问(DMA)，能够将用于数据传输的 CPU 负载降至最低，这意味着将有更多的计算空间提供给数据库和 SDK 软件。此外，USB 3.0 可向下兼容 USB 2.0。USB3 vision 具有广泛的设备兼容性和简单的使用体验，适用于中小型机器视觉系统的应用。

camera link 是一种高速串行接口标准，用于传输图像数据。带宽和可靠性高，适用于高速采集和传输要求严格的机器视觉应用。此外，它还具备数据安全性高的特点。camera link 接口提供了多种连接方式和配置选项，可满足不同系统的需求。

CoaXPress 是一种非对称的高速点对点串行通信数字接口标准，是专为机器视觉行业开发的一种数字接口规范。对于需要高分辨率成像以及将图像快速传输到主机的机器视觉应用，该标准的高速高带宽数据传输能力可谓理想的解决方案。该标准允许设备(如数字相机)通过单根同轴电缆连接到主机(如个人电脑中的数据采集设备)，以高达 6.25 Gbil/s 的速度传输数据。它提供高带宽，具有远距离传输能力，并支持同时传输图像数据和控制信号。CoaXPress 适用于高速、高分辨率的图像采集和传输，以及需要远距离连接的应用。

这些数据接口在机器视觉系统中具有不同的特点和适用性。选择合适的数据接口应根据应用需求、带宽要求、设备兼容性以及所需的连接距离等因素进行考虑。此外，还可以使用接口转换模块来实现不同接口之间的互联，以满足系统集成的灵活性和扩展性要求。

3.3.6 相机主要参数

工业相机选型会涉及许多参数，以下将主要针对工业相机应用中比较重要的参数，如分辨率、帧率、曝光时间等进行概念普及和功能介绍。

1. 分辨率

分辨率是工业相机最关键的参数之一，主要用于描述相机对被摄物的分辨能力。工业相机的分辨率指图像的像素数量，通常以水平像素和垂直像素表示。较高的分辨率能够提供更多的细节和更清晰的图像，对于需要进行精确分析或测量的工业应用非常重要。一般情况下，面阵相机的分辨率是指相机感光芯片的像素个数(pixels)，目前主流工业面阵相机涵盖从 0.3 mP 到 151 mP 级别的分辨率。对于线阵相机而言，其像元排布与面阵相机不同，芯片排布以横向为主，纵向为单行或数行，主流工业线阵相机包含 2k、4k 以及 8k 分辨率，能够满足多样化的市场需求。

2. 像素尺寸

像素尺寸表示相机图像传感器上每个像素的物理尺寸。较大的像素尺寸能够在适当光线条件下提供更好的信噪比和动态范围，适用于一些对图像质量要求较高的工业应用。

3. 帧率/行频

帧率/行频指相机采集和传输图像的速率，对于面阵相机来说，一般用每秒采集的帧数(fps)，即帧率来表征；而线阵相机通常用每秒采集的行数(单位 Hz)，即行频来衡量。

$$\text{帧率(行频)} = \frac{\text{相机每秒出图数(帧或行)}}{\text{单帧(行)出图所耗时间(s)}}$$

相机帧率/行频的选择取决于现场对拍摄速率的要求，并非越高越好。帧率/行频很大程度上受限于相机的数据传输接口和硬件网络环境。

4. 像素位深

像素位深指单个像素数据的位数，常用的为 8 bit，一般工业相机还可提供 10 bit、12 bit 以及 16 bit 等。像素位深也被称为图像深度，当像素位深越大时，其表示单个像素的位数越大，它能表达的灰阶范围就越大，所显示出的图像深度就越深。而像素位深越大，所占用的存储空间也就越大。因此，像素位深的选用需要视实际算法需求而定。

5. 曝光时间

曝光时间即像元感光时间，也称为快门时间。在相同外部条件下，曝光时间越长，图像亮度越高，但相应的帧率/行频会降低。不同的相机曝光时间上下限不同。在一些飞拍应用中，曝光时间不够短会导致图像拖影，因此需要工业相机具备在极短的曝光时间内成像的特性。目前的主流工业相机部分型号支持超短曝光模式，可以达到 1 μs 的最小曝光时间，满足飞拍需求。

6. 感光度(ISO)

感光度表示相机对光的敏感程度，通常用 ISO 值表示。较高的 ISO 值表示相机对光更敏感，允许在低光条件下拍摄，但可能引入图像噪点。根据拍摄环境的光照情况，可以调整 ISO 值来获得适当的曝光。

7. 快门速度

快门速度指相机的曝光时间，即相机在曝光前开启快门的时间长度。较快的快门速度可冻结快速运动的物体，而较慢的快门速度则可以捕捉到较长时间内的运动轨迹。

8. 光圈

光圈控制相机镜头的光线量。较大的光圈能够让更多的光线进入相机，适合拍摄低光条件下的场景；而较小的光圈则能够提供更大的景深，适合需要清晰前后景的拍摄。

9. 对焦方式

对焦方式有手动对焦和自动对焦两种。手动对焦指通过调整镜头焦距来获得清晰的图像；自动对焦指相机自动识别主体并调整镜头来实现焦点的自动调整。

10. 白平衡

白平衡是相机调整图像色温的过程，以使白色看起来真实和中性。相机的白平衡设置可以根据拍摄场景的光照条件来自动或手动调整，确保图像颜色准确和自然。

11. 动态范围

动态范围反映了工业相机探测光信号的范围，动态范围越大，相机对于图像上亮处和暗处的细节展现越明显。在线性响应区域，动态范围可由如下公式计算，其中满阱容量是指像元势阱中能够存储的最大信号电荷量，噪声信号是由芯片本身工艺和设计决定的。

$$动态范围 = \frac{像元的满阱容量}{等效噪声信号}$$

12. 信噪比

信噪比是指图像中信号与噪声的比例，通常以 SNR 表示，单位为分贝（dB）。图像信噪比越高，图像质量越好。通常，相机中噪声有热噪声、固有噪声（读出噪声、采样噪声和信号处理过程中产生的噪声）等。

以上是相机的主要参数。在选择相机时，可以根据具体需求和预期拍摄场景，结合这些参数来确定合适的相机型号，以获得所需的拍摄效果和图像质量。

3.4　软件系统

3.4.1　基础算法知识

机器视觉软件系统涉及的基础算法包括图像处理算法和机器学习算法。这些算法是图像处理、分析和识别的基础，下面对其中一些常见的算法进行详细介绍。

图像处理算法：

(1) 边缘检测：边缘检测算法用于检测图像中的边界和轮廓。常用的边缘检测算法包括 Canny 算法、Sobel 算法、Laplacian 算法等。

(2) 图像增强：图像增强算法用于提高图像的质量和视觉效果。常用的图像增强算法包括直方图均衡化、滤波器（如高斯滤波器、中值滤波器）应用、灰度变换等。

(3) 形态学处理：形态学处理算法用于处理图像中的形状和结构。它包括腐蚀、膨胀、开运算、闭运算等操作，可用于图像分割、去噪、填充等。

机器学习算法：

（1）支持向量机（SVM）：支持向量机是一种用于分类和回归分析的监督学习算法。它通过建立超平面来区分不同类别的数据点，常用于目标识别和分类任务。

（2）K 近邻算法（K-NN）：K 近邻算法是一种基于实例的学习方法，常用于分类和回归问题。它根据邻近的训练样本进行预测，通过计算最近的 K 个样本来进行分类或回归。

（3）卷积神经网络（CNN）：卷积神经网络是一种深度学习模型，特别适用于图像处理和识别任务。它通过卷积层、池化层和全连接层等组件，对图像进行特征提取和分类。

（4）决策树算法：决策树算法是一种基于树形结构的分类和回归方法。它通过将数据集分割为多个子集，构建树形决策模型，用于分类和预测分析。

（5）随机森林算法：随机森林是一种集成学习算法，基于多个决策树构建一个强分类器。它通过随机选择特征和样本，生成多个决策树并组合它们的结果来提高分类性能。

以上只是对机器视觉软件系统中一些常见的基础算法介绍。实际应用中，根据具体问题和数据特点，可以选择合适的算法或对算法进行组合与调整。通过合理应用这些算法，可以实现图像的处理、分析和识别，并提供关键的信息来支持工业、医学等领域的决策和应用。

3.4.2　VM 算法平台

VM 算法平台是海康机器人股份有限公司自主研发、拥有完整知识产权的机器视觉算法平台软件，以让视觉应用更轻松为核心宗旨，帮助集成商和客户高效快捷地完成视觉方案搭建和稳定使用。

VM 算法平台封装了千余种海康机器人股份有限公司自主开发的图像处理算子，结合简单的拖拽式配置和强大的可视化编辑功能，无须编程，即可快速构建机器视觉应用系统。软件平台功能丰富，性能稳定可靠，用户操作界面友好，能够满足视觉定位、调量、检调和识别等视觉应用需求。业界领先的视觉深度学习算法集成与使用，在复杂的视觉应用中取得了突破。

1. 特征匹配

搜索和定位图像中具有相同特征的目标，常用于视觉方案的粗定位。VM 算法平台特征匹配提供以下两种模式。

第一种是快速模式。相对于高精度模式进一步压缩，特征点数变少，搜索的自由度空间进一步压缩，搜索过程进一步简化，以求效率最大化。

第二种是高精度模式。相对于快速模式有着完整的模型特征点，搜索粒度更小，边缘位置更加精密，精度更高。

2. Blob 分析

Blob 分析指在图像中检测、定位和分析具有相同灰度特征的团块。仅需要通过设置 ROI 和灰度阈值，即可实现团块的定位分析，通过多种使能进行过滤实现理想检测。

3. 卡尺

卡尺用于测量目标对象边缘位置、特征或距离等。仅需要设置检测区域和查找方向，通过灰度阈值实现点的精准定位。

4. 圆查找

查找图像中圆形区域，卡点并拟合成理想圆。仅需要设置检测区域、阈值等相关参数，确保卡点理想即可得到理想圆。

5. 一维码识别

识别条码，支持 128、93、30、EAN、ITF25、Codabar 等码制。几乎无须调整参数，设置读取数量即可读取条码信息。

6. 二维码识别

识别二维码，支持 DM 和 QR 两种标准格式。几乎无须调整参数，设置读取数量即可读取二维码信息。

7. 字符识别

通过对标准字符的训练提取，来识别获取标准字符信息。使用时需要先训练字库，可通过分割检查字符提取的准确程度，通过调整多种参数实现复杂场景的适应。

8. 形态学处理

从图像中提取出对表达和描绘区域形状有意义的图像分量，减少干扰或加强特征稳定性。可通过"核大小"参数灵活调整处理结果。

9. 颜色识别

功能：通过训练生成模型，来识别指定区域颜色。训练时根据样本颜色情况选择灵敏度，实现颜色的准确识别。

10. 字符缺陷检测

通过标准字符库训练，进行字符不良或漏印的检测。可全自动提取字符，训练时仅需勾选确认良品，即可准确定位相关缺陷。

11. 圆环缺陷检测

通过卡尺卡点与标准圆进行比较，将不符合设置参数的检测为缺陷。支持标准圆的输入，多种使能可良好定位相关缺陷。

12. 深度学习字符定位

深度学习字符定位采用深度学习算法，主要应用于字符的定位，面向的字符类型有以下特点：

（1）字符可以是中文、英文或符号，形式可以是单个字符或字符串。

（2）支持多行字符定位，多行文本中单行字符定位。

（3）支持字符位置偏移、角度旋转，只要在视野中都能定位到。

（4）要求单个字符宽高与整幅图像宽高比要大于 12/528 像素。

（5）在字符成像质量差、对比度低、背景略带干扰的情况下也有较高的精度与准确率。

典型方案：通过深度学习字符定位训练工具对图片进行标记训练，在深度学习字符定位模块中加载模型，就能实现字符的定位。

13. 逻辑模块

软件逻辑功能丰富，可以通过设置条件判断、分支控制、循环等脚本实现丰富高效的流程方案控制，实现要求的逻辑功能。

14. 全局脚本

全局脚本是在流程之上、方案之下的一个功能模块。可以控制流程运行或停止在流程运行过程中，通过设置流程中模块的参数和获取模块运行结果，灵活配置运行方式实现完善的逻辑控制。

15. 通信管理

集成了丰富的通信接口，支持 TCP/UDP、串口、PLC、Modbus 和 IO 等对接。通信还可以触发方案执行，把通信收到的字符串传给流程。在此种情况下，只有当通信发来的字符为 AAA 时，流程 0 才会执行。此外可用通信来控制方案所运行的分支，当通信发送的字符为 1 时，执行 3 号圆查找，为 2 时，执行 4 号直线查找。

3.4.3　视觉控制系统方案

智能图像处理技术在机器视觉中占有举足轻重的地位,典型的机器视觉系统主要包含相机、镜头、光源、图像处理软件系统和执行机构。而图像处理控制单元,可以说是最"智慧"的部分,直接关系到系统的稳定运行。机器视觉系统对核心的图像处理要求算法准确、快捷和稳定,同时还要求系统的实现成本低、升级换代方便,因此合适的系统选型非常重要。

1. 功能要求

明确系统需要实现的功能和目标。根据具体应用场景,确定必需的功能模块和算法。例如,图像采集、图像处理、目标检测与跟踪、决策与控制等。

2. 性能需求

确定系统的性能要求,如实时性、准确性、稳定性、响应速度等。根据这些需求,选择合适的硬件设备(如相机、传感器),以及对应算法和平台。

3. 算法和模型

根据功能要求,选择合适的算法和模型。考虑算法的性能、复杂度、训练数据需求等因素。如果有特定的视觉库或框架需求,需要评估其是否满足项目需求。

4. 数据处理和存储

考虑数据处理和存储需求,选择合适的计算平台和存储设备。根据数据量和处理速度要求,选择合适的 CPU、GPU 或者分布式计算平台。

5. 可扩展性

评估系统的可扩展性和灵活性,考虑未来需求的变化和扩展。选择适当的接口和支持开发的平台,以便进行系统的升级和扩展。

6. 开发和维护成本

综合考虑系统开发和维护的成本,包括硬件设备、软件工具、人力投入等。选择合适的技术方案和平台,以最大程度地满足需求,并尽量降低成本。

7. 可靠性和安全性

考虑系统的可靠性和安全性需求，选择可靠性高的硬件设备和软件平台，并确保数据的保密性和安全性。

8. 市场支持和生态系统

评估所选方案的市场支持和生态系统，包括软件开发社区、技术文档、技术支持等。选择有良好支持和发展前景的方案，以降低系统开发和维护的风险。

综合考虑以上因素，并进行权衡和评估，选出适合项目需求的视觉控制系统方案。在选型过程中，可以进行技术评估、方案比较和原型验证等，以确保最终选择的方案能够满足项目需求，并达到预期的效果。

VB2000 系列是机器视觉软件系统的经济型系列。该系列的系统专为成本敏感的应用场景设计，旨在为用户提供简单、实用并具有良好性价比的解决方案。可以满足中小型企业或预算有限的项目的机器视觉需求。具体的产品信息和功能细节还需要参考该系列的官方文档或咨询供应商。VB2000 系列的主要特点如下。

基本功能：提供常见的机器视觉功能，如图像采集、图像处理、特征提取、目标检测和跟踪等。这些功能可以帮助用户对图像数据进行分析、识别和控制。

简单易用：整个系统设计简洁，操作方便。它提供了直观的用户界面和易于理解的操作流程，使用户能够快速上手并进行系统配置和操作。

高性价比：VB2000 系列注重经济性，以最低的成本提供可靠的机器视觉解决方案。该系列产品价格和性能匹配合理，适合中小型企业或预算有限的项目。

定制化选项：VB2000 系列通常提供一定的定制化选项，以便满足特定应用需求。用户可以根据自己的需求选择适当的配置和功能模块，以达到最优的系统性能。

技术支持：VB2000 系列通常提供完善的技术支持，包括用户手册、在线文档和培训资源。用户可以获得所需的技术指导和解决方案，确保系统的正常运行和使用。

3.5 系统集成与应用

3.5.1 系统组成

机器视觉系统集成与应用是指将机器视觉技术与其他相关技术（如图像处理、模式识别、人工智能等）相结合，构建适用于各种领域和行业的视觉系统，并将其应用于实际生产和业务场景中。以下是对机器视觉系统集成与应用的详细介绍。

机器视觉系统集成与应用是一项综合利用图像处理、模式识别和机器学习的技术,通过对图像、视频及其他传感器数据的处理和分析,实现对场景中的目标、特征和变化的识别、测量和控制。

(1)机器视觉系统主要由以下组件和模块组成。

图像采集设备:包括相机、传感器等,用于获取图像或视频数据。

图像处理算法:用于对采集的图像数据进行处理和分析,包括特征提取、边缘检测、目标检测与跟踪等。

决策和控制算法:根据图像处理结果,进行决策和控制,如控制机器执行某些操作、调整参数等。

用户界面:提供给用户进行系统配置、监控和交互的界面。

数据存储与管理:用于存储和管理采集的图像数据和处理结果。

通信与集成接口:是与其他设备或系统进行数据交换和通信的接口,以实现数据的共享和整合。

(2)机器视觉系统集成与应用广泛应用于以下行业和领域:

工业自动化:如产品检测、质量控制、生产线监控、机器人视觉引导等。

智能交通:如车牌识别、交通监控、智能停车等。

医疗诊断:如医学影像分析、病理图像识别、手术辅助等。

安防监控:如人脸识别、行为分析、入侵检测等。

零售业:如货物识别、支付识别、智能货架等。

机器视觉系统的集成与应用通常包括以下步骤:

需求分析:明确系统的功能和性能需求。

系统设计:选取合适的硬件设备和软件工具,并设计系统架构和算法流程。

算法开发:根据需求和设计,开发图像处理和分析的算法。

硬件选型与集成:选择合适的图像采集设备,并将算法和软件进行集成。

软件开发:开发系统的用户界面和控制模块。

调试与测试:对整个系统进行调试和测试,确保系统满足需求并稳定运行。

部署与维护:将系统部署到实际生产环境中,并进行后续的维护和优化。

机器视觉系统集成与应用的目标是为不同行业和领域提供高效、自动化和智能化的解决方案,帮助其提高生产效率,实现质量控制和业务的可持续发展。这些系统在不同领域中具有广泛的应用,并不断推动科技的发展和创新。

3.5.2 手机屏幕边缘缺陷检测

手机屏幕在生产制造的过程中,不可避免会产生缺陷,而生产企业对产品质量的要求越来越高,因此,缺陷检测是该行业一个非常重要的环节。机器视觉具有高精度、高速度的检测能力,可实现多种缺陷的检测,包括边缘破碎、崩边、污损、裂纹等缺陷。

1. 方案背景

检测内容:

(1)检测对象:手机屏幕基板玻璃边缘。

(2)检测项目:手机屏幕玻璃在切下时,边缘可能产生崩边。

(3)检测区域:在手机屏幕的4个角落装4个相机.测量弧形边缘。

(4)最小缺陷面积边长0.03 mm(以外接矩形为例)。

(5)程度高的缺陷检出率要求≥99.99%。

选型思路:

(1)视野确定:20 mm×20 mm(视野要比样品大,有充分的冗余空间)。

(2)相机分辨率确定:根据算法精度(最少3个像素)和单像素精度(每个像素最少0.03 mm),横向像素数量至少为20÷0.03×3=2000个像素,选用像素为500万的工业相机(2448×2048)。

(3)工作距离为110 mm,通过计算最终选择镜头焦距为35 mm。

2. 方案架构

手机屏幕边缘缺陷检测系统主要包括4个像素为500万的工业相机、焦距为35 mm的工业镜头。采用背光源使成像更均匀,且可在成像时消除水滴、杂质等干扰。被测物体静止、拍摄现场无干扰。

3. 算法检测方案

VM算法平台提供了一系列用于缺陷检测的视觉工具。由于本例中产品边缘包含圆弧形状与直线形状,因此选用边缘组合缺陷检测工具进行缺陷检测。使用边缘组合缺陷检测需要将检测ROI放置于边缘之上。当前产品为直线+网弧+直线的形状,因此在边缘组合缺陷检测工具内部选择对应类型特征,并按实际情况填写参数即可。在边缘缺陷检测中,根据ROI放置方向,从左到右为黑色背景到灰色边缘,因此选择从黑到白的边缘极性。

3.5.3　铁罐饮料瓶盖二维码检测

在饮料瓶各个生产段工艺处理时，通过视觉识别系统将产品身份二维码信息识别并提取出来，通过跟踪库存容量、生产流程信息以及产品生产质量等帮助企业掌握生产过程中相关的数字信息，实现快速定位与风险预防，提高产品的可靠性和安全性。

1. 方案背景

检测内容：

(1)检测项目：饮料瓶盖铁环二维码识别。

(2)饮料瓶盖规格：形状为圆形；直径为 40 mm；材质为铝板；颜色为银白色，蓝色拉环。

(3)条码类型：二维码。

(4)条码个数：2 个。

选型思路：

(1)二维码模块数为 32×32，尺寸为 8 mm×8 mm。

(2)视野要求 140 mm×86.4 mm，工作距离要求小于 500 mm。

(3)相机分辨率确定：二维码一个模块的尺寸为 8/32 = 0.25 mm，二维码一个模块最少需要占据 4 个像素才能满足解码要求，根据条码模块宽度及视野，可计算出分辨率为 2240×1400。因此可选择 500 万像素的读码器，分辨率为 2592×1600。

$$\frac{h_m}{4} = \frac{H}{\text{pixel}}$$

$$\frac{f}{D} = \frac{h}{H}$$

式中：h_m 为模块大小；pixel 为分辨率；D 为工作距离；H 为视野大小；h 为相机传感器尺寸。

(4)通过计算最终选择镜头焦距为 35 mm。

2. 方案架构

铁罐饮料瓶盖二维码检测系统主要包括 500 万像素的工业相机、焦距为 35 mm 的工业镜头、两个红色条形光源。饮料瓶通过传送带传送，无现场干扰。

3. 算法检测方案

VM 算法平台内置了二维码解码功能，使用二维码识别工具即可完成解码。运行参数选择 QR 码类型，二维码个数可以适当调高以增加候选码数量，提高读取率。

3.6 小结

机器视觉技术与应用是利用计算机视觉和图像处理技术，将图像或视频数据转化为信息并进行分析、识别和控制的过程。通过图像采集、图像处理算法和决策控制，机器视觉系统能够实现多种应用和解决方案。以下是对机器视觉技术与应用的小结。

1. 技术基础

图像采集：使用相机或传感器等设备获取图像或视频数据。

图像处理：利用图像处理算法对图像进行预处理、特征提取和目标检测等操作。

模式识别：利用机器学习和模式匹配算法对图像中的目标、特征或事件进行识别和分类。

决策与控制：根据识别结果进行决策和控制，如执行特定动作、触发报警等。

2. 应用领域

工业自动化：包括生产线检测、质量控制、机器人视觉引导等。

智能交通：如车牌识别、交通监控、智能停车等。

医疗诊断：如医学影像分析、病理图像识别、手术辅助等。

安防监控：如人脸识别、行为分析、入侵检测等。

零售业：如货物识别、支付识别、智能货架等。

3. 优势和挑战

优势：机器视觉系统可以实现高速、高精度和连续的图像分析和处理，可提高生产效率和质量控制水平。

挑战：光照变化、复杂背景、目标多样性等因素会对机器视觉系统的性能产生影响，需要应对这些挑战。

4. 发展趋势

深度学习：利用深度学习技术，例如卷积神经网络（CNN），可以提高机器视觉系统的图像识别和分类能力。

嵌入式实时处理：随着计算平台的发展，嵌入式系统越来越强大，能够进行实时处理和决策，使机器视觉系统更加智能化和实用化。

数据驱动决策：通过对大量数据的分析和学习，机器视觉系统可以不断优化和改进自身的性能，并做出更准确的决策。

机器视觉技术与应用在许多领域中发挥着重要的作用，如工业自动化、智能交通、医疗诊断和安防监控等领域。随着技术的进步和应用需求的增长，机器视觉系统将继续发展，带来更多创新和价值。

第4章 自然语言处理

4.1 自然语言处理概述

自然语言处理(natural language processing, NLP)是计算机科学、人工智能和语言学领域的一个交叉学科, 主要研究如何让计算机理解和处理人类的自然语言。它使得计算机可以读懂、理解和生成人类语言, 使其具有与人类进行自然对话的能力。自然语言处理技术应用广泛, 包括机器翻译、问答系统、情感分析、文本摘要等。随着深度学习技术的发展, 人工神经网络和其他机器学习方法已经在自然语言处理领域取得了重要的进展。未来的发展趋势包括更深入的语义理解、更智能的对话系统、跨语言处理和迁移学习技术的提升。

自然语言处理技术是计算机科学和人工智能发展的一个重要方向, 研究人与计算机之间用自然语言进行有效通信的各种理论和方法。它涉及语言学、计算机科学、数学和统计学等多个学科。自然语言处理技术研究的目标是开发能够自动处理和理解自然语言的计算机系统, 而不仅仅是对自然语言进行研究。它关注各种理论和方法的开发, 以便实现人与计算机之间的有效沟通和交流。因此, 自然语言处理既与语言学有密切的联系, 又在很多方面与其有着重要的区别。自然语言处理涉及的任务和应用包括机器翻译、舆情监测、自动摘要、观点提取、文本分类、问题回答、文本语义对比、语音识别、中文 OCR 等。通过对语言数据的处理和分析, NLP 系统可以处理文本中的语义、句法、情感等信息, 从而应用于特定场景。自然语言处理的发展离不开计算机计算力的提升和大规模数据集的可用性, 尤其是深度学习的突破。深度学习模型, 如循环神经网络(RNN)和变种的转换器模型(transformer), 在自然语言处理技术研究中取得了显著的成果。

自然语言处理是指利用人类自然语言与机器进行交互通信的技术。通过对语言的处理和分析，使计算机能够读懂和理解人类的语言。自然语言处理技术的基本任务是对语料进行分词和语义分析，生成具有语义信息的词项。这一领域涉及语音、语法、语义、语用等多个方面的操作和技术。

实现人机间的自然语言通信需要计算机具备自然语言理解和自然语言生成的能力。自然语言理解是指计算机能够理解自然语言文本的含义和上下文，包括词义的解析、句法的分析和语义的推理。自然语言生成则是指计算机能够以自然语言文本的形式表达给定的意图、思想等，生成符合语法和语义规范的文本。在过去，自然语言理解的研究更加广泛和深入，而自然语言生成的研究相对较少。然而，近年来，随着深度学习的兴起和大规模语料库的可用性，自然语言生成的研究得到了更多的重视和发展。通过深度学习模型，如循环神经网络和变种的转换器模型，自然语言生成的质量和效果得到了显著提升。

开发出高质量的自然语言处理系统是一项相当困难的任务，远远超出了人们最初的想象。目前的理论和技术水平还无法实现通用且高质量的自然语言处理系统，这是一个需要长期努力的目标。然而，在某些特定的应用领域，已经出现了一些具有相当自然语言处理能力的实用系统，一些系统已经商品化并开始产业化。典型的例子包括多语种数据库和专家系统的自然语言接口、各种机器翻译系统、全文信息检索系统、自动文摘系统等。这些系统在特定的任务和领域中表现出一定的自然语言处理能力，并为用户提供了实用的功能。尽管目前仍存在挑战和限制，但自然语言处理技术的发展和应用前景仍然令人期待。随着技术的不断进步和创新，我们可以期待更加智能、更加高效的自然语言处理系统的出现。

自然语言处理系统的研发，即实现人机间自然语言通信，或实现自然语言理解和自然语言生成是十分困难的。这是因为自然语言文本和对话在各个层次具有各种各样的歧义性或多义性。

在自然语言处理系统中，自然语言的形式（字符串）与其意义之间存在一个多对多的关系，这是自然语言的魅力所在。然而，从计算机处理的角度来看，我们必须解决歧义问题。有人认为，消除歧义是自然语言理解的核心问题，即将带有潜在歧义的自然语言输入转换为计算机可以理解的无歧义的内部表示。在自然语言理解中，我们需要通过词义消歧、句法分析、语境理解等技术来准确解释和理解自然语言的含义。这包括理解句子的语义、推理逻辑、上下文信息等，以确保计算机可以正确地理解用户的意图和指令。消除歧义是自然语言处理的一个重要挑战，但通过不断的研究和技术进步，我们可以逐渐提高自然语言理解的准确性和效果，从而更好地实现人机间的自然语言交流和理解。

目前存在的问题主要有两个方面。首先，目前的语法分析往往局限于对孤立句子的分析，对于上下文的关系和谈话环境对句子的约束和影响缺乏系统性的研究。因此，对于歧义、词语省略、代词指代和同一句子在不同上下文中可能具有不同含义等问题，目前尚缺乏明确的规律，需要加强对语用学的研究才能逐步解决这些问题。其次，人类理解一个句子不仅仅依赖于语法，还运用了大量的相关知识，包括日常生活知识和专业领域知识。然而，这些知识无法全部存储在计算机中。因此，目前的文本理解系统只能基于有限的词汇、句型和特定的主题范围进行构建；只有当计算机的存储容量和处理速度大幅提高后，才有可能适当扩大系统的适用范围。总之，目前自然语言处理技术面临着上下文关系和谈话环境对句子的影响研究不足和歧义、词语省略、代词所指和句子含义多义性等问题，以及计算机知识存储受限等问题。

在机器翻译应用中，自然语言理解面临的问题成为主要的难题之一，这也是当前机器翻译系统的译文质量离理想目标还有很大差距的原因之一。译文质量是机器翻译系统成败的关键。周海中教授指出，要提高机器翻译的质量，首先需要解决的是语言本身的问题而不仅仅是程序设计问题。仅仅依靠一些程序来构建机器翻译系统，不可能提高机器翻译的质量。此外，在人类还没有完全了解大脑如何进行语言的模糊识别和逻辑判断的情况下，机器翻译要达到高质量的"信达雅"的程度是不可能的。综上所述，机器翻译在提高质量方面面临着语言本身的问题和对人类大脑语言处理机制的了解不足等挑战。通过不断深入研究语言本身的特点和改进机器翻译算法，有望逐步提高机器翻译的质量。

以下是对自然语言处理技术的概述。

1. 文本预处理

自然语言处理的第一步是对输入的文本进行预处理。这包括词法分析、分词、删除停用词、词干提取和词性标注等操作，以将文本转化为易于处理的形式。

2. 语言理解

在语言理解阶段，自然语言处理系统努力理解和解释文本的含义。这包括语义分析、实体识别、关系抽取、情感分析等任务，以提取出文本中的重要信息和语义关系。

3. 机器翻译

机器翻译是一项重要的自然语言处理技术应用，旨在将一种语言的文本自动转化为另一种语言的等价文本。机器翻译技术可以基于规则、统计模型或神经网络等方法实现。

4. 信息检索与问答系统

信息检索和问答系统指根据用户查询信息返回相关的文本结果或直接回答用户提出的问题。这些系统利用自然语言处理技术进行查询理解、关键词匹配、摘要提取和问题解析等操作。

5. 文本生成

自然语言处理还涉及文本生成任务，例如自动摘要、自动文稿生成、机器写作和对话系统等。这些任务的目标是生成符合语法和语义规则的自然语言文本。

6. 语言生成模型

最近的进展是使用深度学习技术，如循环神经网络（RNN）和变种的转换器模型（transformer）来训练语言生成模型，如语言模型、机器翻译模型和对话模型。

7. 情感分析

情感分析是指识别和分类文本中的情感和情绪。通过自然语言处理技术，可以分析文本中的情感极性（如积极、消极、中性）以及情感的程度或情感类别。

8. 自然语言处理应用领域

自然语言处理技术在各个领域都有广泛的应用，包括社交媒体分析、舆情监测、自动文摘、虚拟助手、智能客服、智能搜索、文本分类、文本挖掘等。

自然语言处理技术的发展受益于计算力的提升和大规模数据集的可用性，尤其是深度学习的兴起。通过不断改进和创新，自然语言处理技术在自然语言交互、信息处理和人机交互方面发挥着越来越重要的作用，将会继续推动着人工智能和智能系统的发展。

4.2　语言模型

4.2.1　n-gram 模型

n-gram 是一种基于统计语言模型的算法。它的基本思想是将文本中的内容按照字节进行大小为 N 的滑动窗口操作，形成了长度是 N 的字节片段序列。其中每一个字节片段称为 gram，对所有 gram 出现的频度进行统计，并且按照事先设定好的阈值进行过滤，形成关键的 gram 列表，也就是这个文本的向量特征空间，列表中的每一种 gram 就是一个特征向量维度。

该模型基于这样一种假设，第 N 个词的出现只与前面 $N-1$ 个词相关，而与其他任何词都不相关，整句的概率就是各个词出现概率的乘积。因此，它将文本中的每个词都视为前

面 $N-1$ 个词的条件概率。简单来说，n-gram 模型认为当前词的出现只与前面的有限词序列有关。这些概率可以通过直接从语料中统计 N 个词同时出现的次数得到。常用的是二元的 bi-gram 和三元的 Tri-gram。

具体来说，对于一个给定的文本序列 ω_1，ω_2，ω_3，$\cdots$，ω_N，n-gram 模型尝试估计每个词 ω_i 在给定前面的 $(\omega_{i-1}$，ω_{i-2}，$\cdots$，$\omega_{i-n+1})$ 序列的条件下的概率为 $P(\omega_i \mid \omega_{i-1}$，$\omega_{i-2}$，$\cdots$，$\omega_{i-n+1})$。为了估计这些概率，n-gram 模型使用了频率统计的方法，即从大量的训练语料中统计每个词序列的出现次数，并将次数除以该词序列的前缀序列出现的次数来计算条件概率。常用的是基于最大似然估计的方法。

我们可以采用最大似然估计 n-gram 的概率，即通过从语料库中获取计数，并将计数归一化到 $(0, 1)$，从而得到 n-gram 模型参数的极大似然估计。

$$P(\omega_i \mid \omega_{i-1}, \omega_{i-2}, \cdots, \omega_{i-n+1}) = \frac{\text{count}(\omega_{i-n+1}, \cdots, \omega_i)}{\sum_{\omega_i} \text{count}(\omega_{i-n+1}, \cdots, \omega_{i-1}, \omega_i)}$$
$$= \frac{\text{count}(\omega_{i-n+1}, \cdots, \omega_i)}{\text{count}(\omega_{i-n+1}, \cdots, \omega_{i-1})}$$

其中，$\text{count}(\omega_{i-n+1}, \cdots, \omega_i)$ 表示文本序列；$(\omega_{i-n+1}, \cdots, \omega_i)$ 表示在语料库中出现的次数。

n-gram 模型中最常见的是 unigram（一元模型）、bigram（二元模型）和 trigram（三元模型），分别对应 n 值为 1、2 和 3 的情况。其中，unigram 模型假设每个词的出现概率独立于其他词，即 $P(\omega_i)$；bigram 模型假设当前词的出现只与前一个词有关，即 $P(\omega_i \mid \omega_{i-1})$；trigram 模型假设当前词的出现只与前两个词有关，即 $P(\omega_i \mid \omega_{i-1}, \omega_{i-2})$。

既然无法往前看很多单词，那么就需要假设一些条件，来对算法进行简化。假设每个词 ω 只和它前 $n-1$ 个词相关，这就是 n-gram。

假设 $n=1$，那么 $n-1=0$，ω 不和前边任何词有关系，这就是一元语言模型，也叫 unigram。$P(s) = P(\omega_1) * P(\omega_1) * \cdots * P(\omega_n)$。

假设 $n=2$，那么 $n-1=1$，ω 和前边一个词有关系，这就是二元语言模型，也叫 bigram。$P(s) = P(\omega_1 \mid \omega_0) * P(\omega_2 \mid \omega_1) * \cdots * P(\omega_n \mid \omega_{n-1}) * P(\omega_{n+1} \mid \omega_n)$。

假设 $n=3$，那么 $n-1=2$，ω 和前边两个词有关系，这就是三元语言模型，也叫 trigram。$P(s) = P(\omega_1) * P(\omega_2 \mid \omega_1) * P(\omega_3 \mid \omega_1 \omega_2) * \cdots * P(\omega_n \mid \omega_{n-2} \omega_{n-1})$。

为了更好地保留词序列信息，构建更有效的语言模型，我们希望在 n 元模型中选用更大的 n。但是，当 n 较大时，虽然更能体现出句子信息，但是模型参数会呈指数级增大。具体情况看使用场景，一般在传统的语音识别中，会经常使用三元模型。同时也需要配合相应的平滑算法，进一步降低数据稀疏带来的影响。

n-gram 模型具有简单高效的特点，但也存在一定限制。由于其仅考虑有限的前文信息，因此无法捕捉到长距离的依赖关系。此外，对于稀有词或未见词，n-gram 模型会出现数据稀疏问题, 造成无法准确估计概率。

尽管 n-gram 模型简单且存在局限性, 在自然语言处理中仍然有广泛应用, 特别是在语言模型初始化、词性标注、拼写纠错等任务中。同时, n-gram 模型也为构建更复杂的语言模型提供了基础和参考。

4.2.2　隐马尔可夫模型

HMM 是一种概率模型, 它用于描述由一系列隐含的状态组成的系统, 每个状态都与一系列可观测的事件相关联。HMM 假设这些事件的生成过程是由一个马尔可夫过程控制的, 即当前状态只与前一个状态有关, 与之前的状态和观测值无关。HMM 由两个部分组成: 状态转移概率矩阵和观测概率矩阵。状态转移概率矩阵描述了状态之间的转移关系, 而观测概率矩阵描述了每个状态生成观测值的概率分布。

HMM 模型可以用 3 个参数来描述: 初始状态概率分布、状态转移概率矩阵和观测概率矩阵。其中, 初始状态概率分布描述了系统在初始时刻各个状态的出现概率; 状态转移概率矩阵描述了系统从一个状态转移到另一个状态的概率; 观测概率矩阵描述了系统在每个状态下观测值的概率分布。在 HMM 中, 我们可以根据已知的观测序列来求解最可能的状态序列, 或者根据已知的状态序列来求解最可能的观测序列。这个过程可以通过使用前向算法、后向算法和维特比算法等方法来实现。

在简单的马尔可夫模型(如马尔可夫链)中, 所述状态是直接可见的, 因此状态转移概率是唯一的参数。在隐马尔可夫模型中, 状态不是直接可见的, 但输出依赖于该状态, 是可见的。每个状态通过可能的输出记号有了可能的概率分布。因此, 通过一个 HMM 产生标记序列提供了有关状态的一些序列的信息。注意, "隐藏" 指的是, 该模型经其传递的状态序列, 而不是模型的参数; 即使这些参数是精确已知的, 我们仍把该模型称为一个 "隐藏" 的马尔可夫模型。隐马尔可夫模型以它在时间上的模式识别所知, 如语音、手写、手势识别、词类的标记、乐谱、局部放电和生物信息学应用。

隐马尔可夫模型是马尔可夫链的一种, 它的状态不能直接观察到, 但能通过观测向量序列观察到, 每个观测向量都是通过某些概率密度分布表现为各种状态, 每一个观测向量是由一个具有相应概率密度分布的状态序列产生。所以, 隐马尔可夫模型是一个双重随机过程——具有一定状态数的隐马尔可夫链和显示随机函数集。

隐马尔可夫模型是一种统计模型, 被广泛应用于序列数据的建模和预测中。它用来描述一个含有隐含未知参数的马尔可夫过程。其难点是从可观察的参数中确定该过程的隐含参数。然后利用这些参数来作进一步的分析, 例如模式识别。它以概率形式描述了一个具有隐藏状态和可见观测的系统, 其中隐藏状态无法直接观测到, 只能通过可见观测进行间接推断。

HMM 包含两个基本组成部分:状态序列和观测序列。状态序列是隐藏的,而观测序列是可见的。HMM 的核心思想是,每个隐藏状态在某个时间步的观测结果是独立的,而隐藏状态间的转移概率则是根据马尔可夫假设确定的。具体来说,HMM 由以下几个要素组成。

(1)隐藏状态集合(状态空间):代表可能的隐藏状态,通常用 $S = \{s_1, s_2, \cdots, s_N\}$ 表示,其中 N 为状态数目。

(2)观测集合:代表可见观测结果的集合,通常用 $V = \{v_1, s_2, \cdots, s_M\}$ 表示,其中 M 为观测数目。

(3)初始状态概率分布(初始概率向量):表示系统在初始时刻处于每个隐藏状态的概率分布,通常用 $\pi = \{\pi_1, \pi_2, \cdots, \pi_N\}$ 表示,其中 π_i 表示系统初始时刻处于状态 s_i 的概率。

(4)状态转移概率矩阵:表示从一个状态转移到另一个状态的概率,通常用 $A = \{a_{ij}\}$ 表示,其中 a_{ij} 表示从状态 s_i 转移到状态 s_j 的概率。

(5)观测概率矩阵:表示在特定状态下观测到某个观测结果的概率,通常用 $B = \{b_j(k)\}$ 表示,其中 $b_j(k)$ 表示在状态 s_j 下观测到 v_k 的概率。

通过以上要素,HMM 可以进行两种主要的推断任务:

(1)评估问题:根据给定的模型和观测序列,计算给定观测序列出现的概率。这可以使用前向算法或后向算法来实现。

(2)解码问题:根据给定的模型和观测序列,推断出最可能的隐藏状态序列。这可以使用维特比算法来实现。

HMM 在自然语言处理和语音识别等领域具有广泛的应用。例如,它可以用于词性标注、语音识别、词的分割和断句等任务中。同时,HMM 也常作为其他更复杂模型的基础,如条件随机场(CRF)和深度学习中的循环神经网络(RNN)。

4.3 词向量表示和语义分析

词向量表示指将自然语言文本转换为计算机可以处理的向量形式。在词向量表示中,通常会使用词袋模型(bag of words model)或者分布式表示(distributional representation)等方法。其中,分布式表示方法是由 Geoffrey Hinton 提出的技术,它通过在大规模语料库上训练神经网络来实现词向量的表示。语义分析关注句子的意义,其目标是将自然语言表示转换为一种计算机可以理解的形式。这通常涉及实体识别、关系抽取和指代消解等任务。在语义分析中,通常会使用词向量的平均值、加权平均值或者递归神经网络(recursive neural network)等方法来表示句子的语义信息。

　　自然语言处理技术是人工智能领域中的重要分支，它致力于使机器能够理解、分析和生成人类语言。在自然语言处理技术的研究和应用中，词向量和语义分析是两个关键的知识点。在自然语言处理中，词向量表示和语义分析是非常重要的任务和概念。下面对它们进行详细介绍。

一、词向量

　　词向量表示是将单词映射到实数向量的过程。它的主要目标是通过捕捉单词之间的语义和语法关系，将自然语言中的单词转化为机器可以理解和处理的数值形式。传统的基于人工特征的表示方式，如 one-hot 向量，存在维度灾难、未能考虑语义相似性等问题。而词向量解决了这些问题，能够更好地表达词语的语义关系。

　　词向量表示方法有多种，包括分布式假设、预训练词向量和上下文无关的词向量等。其中，分布式假设认为在上下文中相似的单词在语义上也是相似的，所以通过在大规模文本数据上进行统计和训练，可以得到具有语义相似性的词向量。预训练词向量是通过在大规模语料上训练的模型，如 word2vec 和 GloVe，来学习单词的向量表示。上下文无关的词向量，如词卷积神经网络(CNN)和全局向量(GloVe)，能够在不同的上下文中提取出单词的通用和与上下文无关的特征表示。

　　词向量是自然语言处理中的一个重要概念，其主要目的是将单词表示为向量形式，以便计算机能够利用向量运算进行语义分析和文本处理。常见的词向量模型有以下几种：

　　(1)one-hot 编码：将每个单词表示为一个向量，其中只有一个元素为 1，其余元素为 0。这种表示方式简单直观，但无法捕捉到单词之间的语义信息。

　　(2)词袋模型(bag of words)：将文本中的所有单词构成一个词表，每个单词表示为一个向量，向量的每个维度对应该单词在词表中的位置。可以利用频率统计的方法得到单词的向量表示，但忽略了单词的顺序信息。

　　(3)word2vec 模型：通过神经网络模型学习得到单词的向量表示。word2vec 模型有两种架构：skip-gram 和 CBOW。skip-gram 模型通过一个单词预测其周围的上下文单词，而 CBOW 模型则相反。这种方法能够较好地捕捉到单词之间的语义关系。

　　(4)GloVe 模型：GloVe 是一种基于全局向量的词向量模型。它使用全局统计信息来学习单词之间的关系，同时还保留了词频信息。GloVe 模型的优势在于能够更好地处理大规模语料库。

　　词向量在自然语言处理中有着广泛的应用，例如文本分类、情感分析、机器翻译等。它能够帮助计算机理解语义信息，提高文本处理的效果。

二、语义分析

语义分析(semantic analysis),也被称为语义理解、语义任务,指的是对自然语言文本进行深层次的语义解析和理解。它的目的是从文本中抽取出语义相关的信息,如实体识别、词义消歧、情感分析、语义关系等,从而更好地理解和推断文本的真实含义。

语义分析任务包括以下几项。

词义消歧:确定在不同上下文中某个词语的准确含义,以避免歧义。

命名实体识别:标注和抽取文本中的命名实体,如人名、地名、组织机构等。

情感分析:分析文本的情感倾向,如判断情绪是积极的、消极的还是中性的。

语义关系抽取:识别和提取文本中的语义关系,如上位词与下位词、关联词与关联词之间的关系等。

语义角色标注:为句子中的词语指定语义角色,如施事者(agent)、受事者(patient)等。

语义分析常用的方法包括基于规则的方法、统计机器学习方法和深度学习方法。最近,随着深度学习的兴起,基于神经网络的方法在语义分析中取得了显著的突破,如递归神经网络(RNN)、长短期记忆网络(LSTM)、卷积神经网络(CNN)和注意力机制等。

语义分析是自然语言处理技术的另一项重要内容,其目的是理解文本的语义信息。常见的语义分析任务有以下几类。

(1)词义消歧:词义消歧是指确定一个词在上下文中的具体意思。例如,"苹果"可以指水果,也可以指一家科技公司。词义消歧可以利用词向量模型中单词的语义信息来判断。

(2)实体识别:实体识别是指从文本中识别出具有特定意义的实体,如人名、地名、组织机构等。实体识别可以辅助其他自然语言处理任务,如信息抽取和问答系统等。

(3)句法分析:句法分析可以分析句子的结构,确定词语之间的依存关系。通过句法分析,可以了解句子的语法结构,为后续的语义分析提供支持。

(4)情感分析:情感分析是指判断文本中的情感倾向,如积极、消极或中立。通过情感分析识别用户对某个产品、事件或评论的态度,对企业市场营销和舆情监控具有重要意义。

语义分析在自然语言处理中扮演着重要角色。通过语义分析,计算机可以更好地理解和处理文本,实现更智能化的应用。但尽管如此,它仍然是一个具有挑战性的任务。这些挑战包括:

多义性和歧义性:语言中存在许多多义词和歧义词,它们可以有不同的含义和解释。识别和理解多义词和歧义词是语义分析的一个关键问题。

上下文依赖性:语义是高度依赖于上下文的,同一个单词在不同的上下文中可能有不同的含义。因此，理解语言需要考虑到更大范围的上下文信息，并且需要对上下文之间的关系建模。

丰富的语义知识：语义领域涉及丰富的语义知识，如语义角色、语义关系、词义和词汇资源等。有效地获取和利用这些知识对于准确理解语义是必要的，但存储和维护这些知识资源是具有挑战性的。

语言的变化和灵活性：语言是变化的，它会受到文化、地区、时间的影响，并且具有灵活性和新颖性。因此，语义分析需要具备适应不同语言变体和新兴语言的能力。

尽管语义分析面临这些挑战，但研究人员正在不断努力解决这些问题。近年来，深度学习和自然语言处理技术的快速发展为语义分析提供了更好的工具和方法。例如，预训练语言模型（如 BERT）和注意力机制等技术已经取得了显著的成果，并在语义分析任务中性能得到令人瞩目的提升。

虽然我们迄今还没有完全解决语义分析面临的问题，但在不断的研究和创新中，我们能够逐步提高计算机对自然语言的意义和语境的理解能力。

词向量表示和语义分析是自然语言处理技术的两个重要的任务和研究方向，它们为许多自然语言处理任务提供了基础和关键的技术支持。同时，它们的发展也推动了自然语言处理领域中深度学习和语义理解技术的发展。

4.4 句法分析与语法树

在自然语言处理技术中，句法分析（syntactic parsing）是一项重要的任务，它旨在研究和分析句子的结构和语法规则。语法树（syntax tree），也称为句法树或解析树，是句法分析的结果，用于表示句子中词语之间的结构和关系。

自然语言处理是人工智能领域中一个重要的研究方向。它致力于使计算机能够理解和处理人类语言，以实现人机交互、机器翻译、信息检索等应用。而在自然语言处理的研究中，句法分析与语法树构建是其中一个关键的技术。

句法分析是指对句子的结构和语法关系进行分析和解析的过程。它的目的是从句子中抽取出句法信息，如主谓关系、修饰关系等，并将这些信息转化为结构化的语法树。语法树是一种以树状结构表示句子的方法，其中每个节点表示一个短语或词语，而边表示它们之间的语法关系。

另外，近年来，深度学习技术的发展也为句法分析带来了新的突破。深度学习是一种基于神经网络的机器学习方法，它通过多层次的神经网络模型来学习和表示复杂的语义和句法结构。在句法分析中，深度学习方法可以通过构建深度神经网络模型来学习句子的特征表示和句法关系，从而实现更加精确和高效的句法分析。

除了句法分析的方法和算法，语法树的构建也是一个重要的研究课题。语法树的构建可以通过自下而上的方法或自上而下的方法来实现。自下而上的方法从句子的单词开始，逐步合并成更大的短语和句子，直到构建整个语法树。而自上而下的方法则从整个句子开始，逐步细化为更小的短语和单词。这两种方法各有优劣，选择哪种方法取决于具体的应用场景和需求。

一、句法分析

句法分析：句法分析是指从给定的句子中推导出句子的结构和语法规则。其目的是确定句子中的短语、短语之间的依存关系、句子层次和句法规则，并将这些信息表示为一棵语法树。句法分析可以帮助我们理解句子的语法结构，从而为后续的语义分析和文本理解打下基础。其中句法分析可以分为以下两种主要类型。

成分句法分析：成分句法分析关注句子中的短语结构，它将句子分解为短语，并标注短语之间的依存关系。常见的成分句法分析方法包括基于规则的语法（如上下文无关文法）和基于统计的方法（如 PCFG、最大熵模型和神经网络模型）。

依存句法分析：依存句法分析关注句子中词语之间的依存关系，它将句子中的每个词语与其他词语建立依存关系，并形成依存树。常见的依存句法分析方法有转移算法（如移进－规约算法）和图算法（如基于图的依存句法分析器）。

在句法分析研究中，提出并应用了多种方法和算法。其中，基于规则的方法和基于统计的方法是两个主要的方向。基于规则的方法主要依靠人工编写的语法规则和规则库来进行句法分析，但这种方法需要大量的人力和专业知识，并且对于语法规则的覆盖范围有一定的限制。而基于统计的方法则通过机器学习算法来自动学习句法分析模型，它可以从大规模的语料库中学习到语法规则和句法结构的统计特征，从而实现更加准确和智能的句法分析。

在基于统计的方法中，最为常用的是基于概率图模型的方法，如隐马尔可夫模型（hidden markov model，HIMM）和条件随机场（conditional random field，CRF）。这些模型通过建立一个概率图来表示句子的句法结构，然后利用统计推断算法来进行句法分析。这些方法能够有效地利用上下文信息和语法关系，提高句法分析的准确性和鲁棒性。

在自然语言处理技术中，机器翻译是一个重要的课题，也是自然语言处理技术应用的主要内容，而句法分析是机器翻译的核心数据结构。句法分析是自然语言处理的核心技术，是对语言进行深层次理解的基石。句法分析的主要任务是识别出句子所包含的句法成分以及这些成分之间的关系，一般以句法树来表示句法分析的结果。从 20 世纪 50 年代初机器翻译课题被提出时算起，自然语言处理技术研究已经有 60 余年的历史，句法分析一直是自然语言处理前进的巨大障碍。句法分析主要有以下两个难点：

歧义：自然语言区别于人工语言的一个重要特点就是它存在大量的歧义现象。人类自身可以依靠大量的先验知识有效地消除各种歧义，而机器由于在知识表示和获取方面存在严重不足，很难像人类那样进行句法消歧。

搜索空间：句法分析是一个极为复杂的任务，候选树个数随句子增多呈指数级增长，搜索空间巨大。因此，必须设计出合适的解码器，以确保能够在可以容忍的时间内搜索到模型定义最优解。

句法分析（parsing）是从单词串得到句法结构的过程，而实现该过程的工具或程序被称为句法分析器（parser）。句法分析的种类很多，这里我们根据其侧重目标将其分为完全句法分析和局部句法分析两种。两者的差别在于，完全句法分析以获取整个句子的句法结构为目的；而局部句法分析只关注局部的一些成分，例如常用的依存句法分析就是一种局部分析方法。

下面介绍句法分析的数据集部分。统计学习方法在进行句法分析时通常需要大量的语料数据支持。与分词或词性标注相比，句法分析的数据集更加复杂，因为句法分析涉及到树形的标注结构，也被称为树库。

树库是一个包含大量句子的语料库，每个句子都被标注为对应的句法结构。树库中的每个句子都表示为一棵具有层级结构的树，其中每个节点代表一个词语或短语，边表示节点之间的句法依存关系。树库的标记体系由树库的设计者定义，不同的树库可以采用不同的标记体系。使用适配不同树库的句法分析器时，必须小心使用匹配相应标记体系的树库。使用不匹配的标记体系解释句法分析结果可能会导致错误的解读和误导。

为了支持句法分析研究和开发，已经建立了许多不同的树库，如 Penn treebank、stanford parser corpus、CoNLL 等。这些树库为不同的语料库和语言提供了丰富的句法标注数据，帮助改进和训练句法分析模型。

虽然句法分析所需的数据集复杂且需要不同标记体系的树库，但通过合理选择和使用合适的数据集，可以有效支持句法分析模型的训练和评估，使其能够准确地捕捉句子的结构和语法依存关系。

下面介绍句法分析的评测方法。句法分析评测是为了衡量句法分析器生成的树结构与人工标注的树结构之间的相似程度。评测主要关注两个方面的性能：满意度和效率。

满意度方面，评测主要考虑句法分析器是否适用或胜任特定自然语言处理任务。这意味着评测需要针对具体任务的需求，评估句法分析器在准确性、召回率等方面的表现。

效率方面，评测主要衡量句法分析器的运行时间。句法分析任务通常需要在大规模的语料库上进行处理，因此评估其效率对于实际应用的可行性很重要。

目前，主流的句法分析评测方法是 PARSEVAL 评测体系。该评测体系具有适中的粒度，是一个较为理想的评价方法。主要的评测指标包括准确率、召回率和交叉括号数。

（1）准确率：表示分析器正确预测的短语数占预测结果中短语总数的比例。

（2）召回率：表示正确预测的短语数占标准分析树中短语总数的比例。

（3）交叉括号数：表示分析结果中的短语覆盖范围与标准结果中的短语覆盖范围存在重叠但不包含关系的项数。

通过这些指标的评估，可以全面了解句法分析器的性能和效果。句法分析评测对于研究和开发句法分析模型非常重要，它可以帮助研究人员优化模型，并选择适用于特定任务的合适的句法分析器。同时，评测结果还可以为用户提供参考，助其选择性能优秀的句法分析器以满足其自然语言处理需求。

下面介绍句法分析的常用方法。与词法分析（如分词、词性标注和命名实体识别）相比，句法分析的成熟度较低。为了改善这一情况，学者们在句法分析领域进行了大量的探索和研究，提出了各种不同的算法和方法。

在句法分析的算法中，以短语结构树为目标的方法得到了最为深入的研究，并且在实际应用中得到了广泛的应用。这些方法通过对短语结构语法进行改造，尤其是上下文无关文法，能够构建出相应的句法分析器。

短语结构句法分析器的研究较为彻底和广泛，主要原因有以下几点。

1. 算法发展成熟

对于短语结构树的句法分析，已经发展出了多种有效的算法，如基于规则的方法、基于统计的方法（如 PCFG、最大熵模型和神经网络模型）等。这些算法经过多年的发展和改进，已经取得了一定的成果并得到了广泛应用。

2. 数据资源丰富

短语结构树的标注数据相对容易获取，并且已有大规模的树库（如 Penn treebank）作为研究和评估的基准，为短语结构句法分析的发展提供了重要的数据支持。

3. 可拓展性强

短语结构句法分析器在一定程度上具有可拓展性，可以通过对短语结构语法进行适当改造来适应其他形式的语法分析，如依存句法分析、语义角色标注等。

尽管短语结构句法分析是句法分析领域的主流方法，但其他形式的句法分析方法也在不断研究和改进中。随着技术和算法的不断发展，句法分析的成熟度也将逐步提高，为自然语言处理提供更准确和更全面的句法分析支持。

PCFG（probabilistic context free grammar）是基于概率的短语结构分析方法，是目前研究最为充分、形式最为简单的统计句法分析模型，也可以认为是规则方法与统计方法的结合。

PCFG 是上下文无关文法的扩展，是一种生成式的方法，其短语结构文法可以表示为一个五元组(X, V, S, R, P)：

- X 是一个有限词汇的集合(词典)，它的元素称为词汇或终结符。
- V 是一个有限标注的集合，称为非终结符集合。
- S 称为文法的开始符号，其包含于 Y，即 $S \in Y$。
- R 是有序偶对(α, β)的集合，也就是产生的规则集。
- P 代表每个产生规则的统计概率。

PCFG 可以解决以下问题：

- 基于 PCFG 可以计算分析树的概率值。
- 若一个句子有多个分析树，可以依据概率值对所有的分析树进行排序。
- PCFG 可以用来进行句法排歧，面对多个分析结果选择概率值最大的。

如果把→看作一个运算符，PCFG 可以写成如下的形式：

形式：$A \rightarrow \alpha$，P

约束：$\Sigma \alpha P(A \rightarrow \alpha)$

作为目前最成功的基于语法驱动的统计句法分析方法之一，PCFG 衍生出了多种不同形式的算法。这些算法包括基于纯粹 PCFG 的句法分析方法、基于词汇化的 PCFG 的句法分析方法以及基于子类划分 PCFG 的句法分析方法等。

基于纯粹 PCFG 的句法分析方法：这种方法使用纯粹的 PCFG 进行句法分析，其中的产生式规则都是无上下文的，并且每个规则都具有固定的概率。该方法通常使用基于概率的解析算法，如 CKY 算法，通过动态规划的方式进行句法分析。这种方法的优点在于简单直接，易于理解和实现。

基于词汇化的 PCFG 的句法分析方法：这种方法在 PCFG 的基础上引入了词汇信息，将单词的词性作为附加的上下文特征加入到产生式规则中。通过考虑单词和词性的上下文信息，可以提高句法分析的准确性和鲁棒性。常见的方法有基于标签的 PCFG(L-PCFG)和基于词-标签对的 PCFG(W-PCFG)等。

基于子类划分 PCFG 的句法分析方法：这种方法试图通过将产生式规则划分为多个子类来提高句法分析的性能。划分子类可以更好地捕捉句法结构的一致性和变异性，从而提高句法分析的准确性。常见的方法有基于类别化的 PCFG(C-PCFG)和基于混合的 PCFG(M-PCFG)等。

这些 PCFG 衍生的句法分析方法各有特点，可根据具体效果和需求进行选择。在实际应用中，可以根据数据集的规模、句法分析的准确性要求和效率需求等因素综合考虑，选择最合适的方法来进行句法分析。

基于最大间隔马尔可夫网络的句法分析。

最大间隔马尔可夫网络（max-margin Markov networks）是将最大间隔理论和马尔可夫网络相结合的一种方法，用于解决复杂的结构化预测问题，尤其适用于句法分析任务。它是一种判别式的句法分析方法，通过引入丰富的特征来解决分析过程中产生的歧义问题。

最大间隔马尔可夫网络按照支持向量机的最大间隔原则，通过优化和最大化样本的间隔，来训练一个具备结构处理关系能力的模型。同时，它利用马尔可夫网络的图模型结构，将特征和标注之间的条件依赖关系建模，以更好地捕捉句法结构和上下文的信息。通过丰富特征的引入，最大间隔马尔可夫网络能够解决句法分析中常见的歧义问题，如多义词消歧、短语 attachment 歧义等。它通过采取全局优化准则，从而提高句法分析的准确性和鲁棒性。

最大间隔马尔可夫网络在句法分析任务中具有很好的性能表现，能够处理复杂的句法结构预测问题。它已经被广泛应用于句法分析领域，并且在提高分析准确性、减少歧义等方面取得了显著的成果。

与 SVM 类似，最大间隔马尔可夫网络也可以实现多类别分类任务，可以通过多个独立且可以并行训练的二分类器来实现。在这种方法中，每个二分类器负责识别一个短语标记，通过组合这些分类器的结果，即可完成句法分析任务。这种并行训练的方式大大提高了训练速度，并且能够灵活地处理多类别分类问题。

最大间隔马尔可夫网络通过引入每个短语标记的特征向量和训练一组二分类器，利用它们之间的线性组合来对句子进行句法分析。通过最大化间隔，可以找到最优的分类边界，提高句法分析的准确性。

这种方法的优势在于可以处理复杂的结构化预测问题，并且通过并行训练和高效的特征组合，提高训练和推断的速度。最大间隔马尔可夫网络已经成功地应用于句法分析任务，并在提高句法分析准确性和效率方面取得了显著成效。

基于条件随机场（conditional random field，CRF）的句法分析是一种常用的序列标注方法，该方法通过对句子中的每个单词进行标注，来推断整个句子的句法结构。

CRF 是一种概率图模型，它建立了输入序列和输出标记序列之间的条件概率分布模型。在句法分析中，输入序列通常是句子的单词序列，输出序列则是每个单词对应的句法标记。

下面详细介绍基于 CRF 的句法分析方法

特征设计：CRF 句法分析方法的关键是设计适用的特征函数，用于描述单词与其句法标记之间的关系。特征函数可以基于单词本身的特征，如词性、词形等，也可以基于周围单词的特征，如上下文窗口内的词性、词形等。合理设计的特征函数能够捕捉到句法结构中的依赖关系和上下文信息。

参数学习：利用已经标注好的句法树数据，通过最大似然估计或其他优化算法来学习 CRF 的参数。在训练过程中，通过最大化训练数据的条件对数似然函数来优化模型参数，使得模型能够更好地拟合训练数据。

解码推断：通过学习得到的 CRF 模型，对未标注的句子进行解码推断，得到最优的句法结构。通常使用动态规划算法（如维特比算法）来求解具有最大概率的标记序列。

CRF 句法分析方法在句法分析领域得到了广泛的应用并取得良好的效果。相比于基于句法规则的方法，CRF 方法能够根据具体的语料数据自动学习特征和模型参数，具有更强的泛化能力。此外，CRF 方法还可以灵活地处理复杂的句法结构和上下文依赖关系。

基于移进-归约的句法分析是一种常用的自底向上的句法分析方法，也被称为移进-归约句法分析器（shift-reduce parser）。它以单词序列和产生式规则为输入，通过移动（Shift）和归约（Reduce）操作逐步构建句法结构树。下面详细介绍基于移进-归约的句法分析模型：

栈和缓冲区：通过栈和缓冲区数据结构来管理正在处理的单词序列和已解析的部分。初始时，栈为空，缓冲区包含待处理的单词序列。

移进操作：移进操作将缓冲区中的当前单词移入到栈顶。这表示当前单词已经被处理，继续处理下一个单词。

归约操作：归约操作将栈顶的一些单词和对应的产生式规则归约为一个非终结符（语法类别）。通过查找已识别出的短语，将它们替换为归约的非终结符。

缺省操作：如果当前栈顶单词和缓冲区中的单词之间无法通过归约操作建立起关系，或者已经解析完整个句子，但栈中尚有未归约的规则，则执行缺省操作。这可能包括跳过一个单词或者用默认的规则进行归约。

解析步骤：基于上述操作，移进-归约句法分析器按照一定的规则和策略逐步处理缓冲区中的单词。直到最终栈为空且缓冲区为空，完成句法分析过程。

基于移进-归约的句法分析方法通常使用预定义的语法规则和产生式来驱动解析过程。这些规则可以是手动编写的，也可以通过自动学习得到。另外，可以采用不同的移进-归约策略，例如贪婪策略、剖析策略等，可根据具体需求和效果进行选择。

基于移进-归约的句法分析方法具有高效、灵活的特点，适用于处理较大规模的句子和复杂的句法结构。然而，由于其自底向上的特性，可能会遇到歧义和剖析错误的问题。因此，研究者们一直在改进和优化这种方法，结合其他模型和技术来提高句法分析的准确性和鲁棒性。

以下是一个基于 PCFG 的中文句法分析的简单示例代码。请注意，由于篇幅限制，这只是一个简化的示例，实际的代码可能更复杂且需要相关语料库和数据预处理步骤。通过这段代码，我们可以进行基于 PCFG 文法的中文句法分析，并将句法树以易读的形式显示出来。

```
import nltk
#设置语法文法
grammar = nltk. PCFG. fromstring( """
    S -> NP VP [1.0]
    NP -> Det N [0.5] | NP PP [0.3] | "John" [0.2]
    VP -> V NP [1.0]
    PP -> P NP [1.0]
    Det -> "the" [0.6] | "a" [0.4]
    N -> "dog" [0.4] | "cat" [0.3] | "table" [0.3]
    V -> "chased" [0.7] | "saw" [0.3]
    P -> "on" [0.5] | "under" [0.5]
    """)
#创建句法解析器
parser = nltk. ViterbiParser( grammar)
#输入要分析的句子
sentence = "John saw the cat"
#进行句法分析
for tree inparser. parse( sentence. split( )):
    tree. pretty_print( )
```

首先，我们导入了 nltk 库，它是一个用于自然语言处理的 Python 库。我们通过 nltk. PCFG. fromstring 方法设置了一个 PCFG 文法。文法由产生式规则组成，符号之间使用箭头'->'表示。产生式规则的概率通过方括号中的数字表示，例如"[1.0]"表示该规则的概率为 1.0。通过 nltk. ViterbiParser 方法创建了一个 Viterbi 句法解析器。Viterbi 算法是一种动态规划算法，用于计算具有最大概率的句法树。我们输入要进行句法分析的句子，这里是"John saw the cat"。接下来，我们使用 parser. parse 方法对句子进行分析。该方法返回一个迭代器，用于遍历句法树。在每次迭代中，我们取出一个句法树，并通过调用 tree. pretty_print( )方法将其以树形结构的形式输出到控制台。

在这段代码中，我们首先定义了一个 PCFG 文法，并使用 nltk. PCFG. fromstring 方法将文法转换为 nltk 库可识别的格式。然后，我们创建了一个 Viterbi 句法解析器，并将上述文法传递给解析器。

然后，我们输入一个要进行句法分析的句子，并通过调用 parser. parse 方法对其进行分析。返回的结果是句法树，我们可以通过 tree. pretty_print( )方法将其以更易读的方式输出到控制台。

请注意，实际的代码中可能还需要经过分词、标注等预处理步骤，以及使用更大规模的语料库进行训练和调优。此外，可以使用更复杂的模型和工具，如 Stanford CoreNLP 或自定义模型，以获得更准确和高效的中文句法分析结果。

二、语法树

语法树：语法树是用于表示句子中词语之间结构和关系的树形结构。在语法树中，每个节点表示一个词语或一个短语，边表示词语之间的依存关系。语法树从根节点开始，通过边连接到子节点，并且每个节点都唯一对应于句子中的一个词或短语。在语法树中，常见的节点类型如下。

根节点（root）：表示整个句子或句子的主谓结构。

内部节点（internal node）：表示短语结构，如名词短语（NP）或动词短语（VP）。

叶子节点（leaf node）：表示句子中的具体词语，如名词、动词、形容词等。

语法树可以用不同的形式来表示，常见的语法树有矩阵树、分支树和依存树等。不同的句法分析方法和语法理论通常会采用不同的语法树表示方式。

语法树在自然语言处理中具有广泛的应用，包括句法分析、语义分析、语言生成等。它可以帮助我们理解句子的组成和结构，对于理解和处理自然语言具有重要的意义。

语法树是一种用于表示句子结构的树状结构。它将句子输入系统，通过应用语法规则和产生式，将句子分解为成分，并显示它们之间的语法关系。以下对语法树进行概述。

树状结构：语法树是一种树状结构，由节点和边组成。节点代表句子的成分（如词汇、短语、从句等），边表示成分之间的语法关系。

分解句子：语法树通过将句子分解为语法上更小的成分来表示句子的结构。这些成分可以是终结符（词汇）或者非终结符（语法类别）。

语法规则：语法树的构建依赖于预定义的语法规则。这些规则描述了语言的语法结构，并指导树的构建。语法规则可以是上下文无关文法（CFG）或者其他形式的形式化语法。

产生式：语法树的建立使用产生式规则。产生式规定了如何将一个非终结符替换为一系列终结符或其他非终结符。每个产生式规则都代表一种语法结构。在语法树中，每个非终结符对应于一个节点，而产生式规则对应于节点之间的边。

语法关系：语法树显示了句子中不同成分之间的语法关系。这些关系可以是词汇和短语之间的修饰关系、短语之间的从属关系等。语法树的边表示这些关系。

显示层次关系：语法树通过其层次结构显示了句子中成分之间的嵌套关系。树的根节点代表整个句子，而树中的叶节点代表词汇。

语法树是一种有助于理解句子结构和语法关系的工具。它可以用于句法分析、语义分析、机器翻译、问答系统等自然语言处理任务。通过分析和解读语法树，我们可以深入了解句子的组成和意义。以下是语法树构建示例。

```
import nltk
#创建句子
sentence = "The cat sat on the mat"
#分词
tokens =nltk. word_tokenize(sentence)
#创建语法规则
grammar =nltk. CFG. fromstring("""
    S -> NP VP
    NP -> Det N
    VP -> V NP
    Det ->'The'
    N ->'cat' | 'mat'
    V ->'sat' | 'on'
""")
#创建分析器
parser =nltk. ChartParser(grammar)
#解析句子，生成语法树
for tree inparser. parse(tokens):
    tree. pretty_print()
```

首先定义了一个英文句子 The cat sat on the mat。使用 nltk. word_tokenize 对句子进行分词，将句子拆分为单词的列表。定义了一个简单的语法规则 grammar，用于描述句子的语法结构。这个例子中的语法规则是上下文无关文法（CFG）。利用定义的语法规则 grammar 创建了一个 ChartParser 对象 parser，用于进行句子的语法分析。调用 parser. parse (tokens)方法解析分词后的句子，生成语法树。在循环中遍历生成的语法树，并通过调用 tree. pretty_print( )方法打印出易读的语法树结构。

值得注意的是，这个例子的语法规则和句子比较简单，真实的语法规则会更为复杂，涉及更多的语法规则和产生式。此外，实际应用中可能需要经过词性标注等预处理步骤，以提高句子的语法分析精度。

这段代码使用 nltk 库提供的功能来进行基于上下文无关文法（CFG）的语法分析，并生成相应的语法树。这是一个简化的示例，实际的语法分析过程可能更加复杂，需要更多的语法规则和领域知识的支持。

总之，句法分析与语法树构建是自然语言处理技术的一个重要的研究方向。通过句法分析和语法树构建，计算机可以更好地理解和处理人类语言，实现更智能和更准确的自然语言处理应用。随着机器学习和深度学习技术的不断发展，句法分析和语法树构建的研究也将不断取得新的突破和进展。

4.5 流程逻辑

自然语言处理是人类语言与计算机进行交互通信的技术。下面详细介绍一个常见的自然语言处理流程逻辑。

数据收集：首先，需要收集用于自然语言处理的数据，这可能包括文本文档、语料库、对话记录、网络文章、社交媒体数据等。不同的任务需要不同类型的数据，因此在数据收集之前需要明确目标。将收集到的数据集划分为训练集、验证集和测试集。训练集用于模型的训练和参数调整，验证集用于模型的选择和调优，而测试集则用于评估模型的性能和泛化能力。正确的数据划分对于准确评估和比较不同模型的性能至关重要。数据的质量和多样性对于获得准确和健壮的自然语言处理模型非常重要。

文本清洗和预处理：在进行文本分析之前，需要对数据进行清洗和预处理。这包括去除文本中的特殊字符、标点符号和数字，进行大小写转换，去除停用词（如"a""an""the"等常见词语），进行词形还原或词干提取等操作，以准备好干净的文本数据供后续处理使用。统一文本中的大小写形式，通常将所有单词都转换为小写形式。将单词还原到它们的原始形式或词根形式，以减少词汇的变体，提高特征一致性和模型性能。获得的原始数据通常需要进行清洗和预处理，以获得供后续处理使用的干净数据。这包括去除噪声数据，处理缺失值和错误值，处理重复数据等。同时，对文本数据还需要进行分词、词性标注、去除停用词等预处理操作，以便后续分析和建模。文本清洗和预处理的目的是将原始文本转换为干净、可处理的形式，以便后续进行各种自然语言处理任务，如文本分类、情感分析、机器翻译等。清洗和预处理的方法和步骤可以根据具体任务和数据的特点进行调整和定制，以获得最佳的结果和性能。

特征提取：将文本转换为计算机可以处理的向量形式，如词向量表示、句子向量表示等。常用的特征提取方法包括词袋模型、TF-IDF、词嵌入等。特征提取的方法取决于具体的任务和数据集。不同的特征提取方法可以结合使用，或者根据任务的要求进行定制化。在特征提取之后，通常会使用机器学习或深度学习算法来训练模型，并利用提取的特征进行分类、回归、聚类、序列标注等各种自然语言处理。下面是对特征提取的详细描述。

（1）词袋模型（bag of words）：将文本看作是由单词组成的集合，对每个单词进行计数。这种方法忽略了单词的顺序和语法，仅关注每个单词在文本中的出现频率。可以通过词频（TF）或词频-逆文档频率（TF-IDF）来表示单词在文本中的重要性。

（2）n-gram 模型：将相邻的 n 个单词作为一个整体，而不仅仅是单独的单词。这可以捕捉到一些短语或上下文信息。常见的 n-gram 包括 uni-gram（单个单词）、bi-gram（相邻的两个单词）和 tri-gram（相邻的 3 个单词）。

（3）word embedding 模型：将单词表示为连续的向量空间中的点。word embedding 模型（如 word2vec、GloVe）通过训练大规模的语料库来学习单词之间的语义和上下文关系，并将其映射到低维向量空间中。这种表示方式可以捕捉到单词之间的关联性和语义信息。

（4）文本统计特征：从文本中提取一些统计特征，如文本长度、句子长度、单词数量、标点符号数量等。这些特征可以提供一些关于文本的基本信息。

（5）语言模型特征：通过训练语言模型，可以利用语言模型的概率来估计文本的流畅度和连贯性，并作为特征之一。

（6）主题模型特征：使用主题模型（如 LDA）对文本进行建模，将文本分解为一组主题和关联的单词分布。这可以提供一些关于文本主题和内容的特征。

（7）序列特征：对于句子或文本序列相关的任务，可以提取序列特征，如 n-gram 特征、句子结构特征、上下文窗口特征等。

（8）文本结构特征：对于 HTML、XML 等结构化文本，可以提取一些结构特征，如标题、段落、列表、链接等。

模型训练和评估：基于收集的数据，可以使用机器学习和深度学习技术构建自然语言处理模型，如文本分类模型、序列标注模型、文本生成模型等。训练模型需要划分训练集、验证集和测试集，并进行模型训练和调优。模型训练是指使用准备好的数据集对模型进行训练。训练过程中，将输入数据提供给模型，模型根据损失函数来调整参数以最小化损失。使用优化算法（如梯度下降法）进行参数更新，并迭代训练过程，直到模型收敛或达到预定的训练轮数。模型评估是指使用独立的评估数据集对训练好的模型进行评估。评估指标根据具体任务而定，如准确率、召回率、F1 分数、均方误差等。评估结果可以衡量模型的性能和泛化能力，帮助识别问题和改进模型。模型训练和评估是一个迭代的过程，需要不断地调优和改进，以取得更好的性能和结果。同时，模型训练和评估还需要考量数据的合理划分、交叉验证、模型选择和比较等因素，以确保模型的可靠性和泛化能力。

应用和部署：最后，经过训练和测试的模型可以应用于实际场景并部署到生产环境中。这可能包括构建聊天机器人、智能助手、自动摘要系统、知识图谱等，以满足特定的实际需求。模型应用是将训练好的自然语言处理模型应用于实际场景和任务的过程。模型应用需要根据具体场景和任务需求进行调整和优化，应用时还需考虑模型的性能、可扩展性和安全性，以满足实际应用的要求。同时，模型应用还需要进行持续的监测和改进，以确保模型的准确性和可靠性。下面是对模型应用的详细描述。

（1）实时文本分析：使用 NLP 模型对实时产生的文本数据进行分析和处理。例如，对社交媒体数据进行情感分析、舆情监测，以了解公众对某个事件或产品的看法。

（2）文本分类：将文本数据分为不同的类别或标签。例如，对新闻文章进行主题分类，对客户评论进行情感分类，对垃圾短信进行垃圾分类等。

（3）命名实体识别：从文本中识别出特定的命名实体，如人名、地名、组织名等。例如，从新闻报道中提取出关键人物的姓名，从电子邮件中识别出公司名称等。

(4)信息抽取：从结构化和非结构化文本中抽取出特定的信息。例如，从新闻稿件中提取关键事件和时间，从合同文本中提取相关条款等。

(5)机器翻译：将一种语言的文本翻译成另一种语言文本。例如，将英文翻译成中文，将中文翻译成法文等。

(6)问答系统：根据用户的问题，从文本数据中提取答案。例如，通过读取百科全书文本来回答用户的知识性问题。

(7)摘要生成：从一篇长文本中自动提取出关键信息，生成摘要。例如，从新闻稿件中生成新闻摘要。

(8)情感分析：分析文本中表达的情感倾向，如正面、负面或中性。例如，对产品评论进行情感分析，了解用户对产品的满意度。

(9)文本生成：使用 NLP 模型生成新的文本内容，如自动写诗、自动生成新闻报道等。

分词和标注：自然语言处理任务通常需要将文本分割成单词、短语或句子，并对其进行标注，例如词性标注(part-of-speech tagging)。分词和标注的目的是将文本转换为计算机可理解和处理的形式。

实体识别：实体识别是指在文本中识别出具有特定意义的实体，如人名、地点、组织机构等。有助于理解文本中更具语义和上下文的信息。

句法分析：句法分析是对文本进行语法分析，包括识别句子的短语结构和语法关系。有助于确定句子的词性、短语结构以及词语之间的依存关系，从而更深入地理解语义。

情感分析：情感分析旨在判断文本表达的情感倾向，是正面、负面还是中性。这对于分析用户评论、社交媒体帖子和舆情监测等任务非常有用。

语义分析和文本理解：语义分析和文本理解的目标是理解文本的语义和上下文含义，从而进行更高级别的推理和理解。包括文本分类、文本生成、问答系统、机器翻译、对话系统等。

自然语言处理的流程逻辑可以根据具体任务和应用而有所不同。上述介绍了一种常见的自然语言处理流程，但在实际应用中，不同的任务，可能需要选择不同的技术和算法，以及特定的数据预处理方法和模型训练策略。

4.6　实现方法

在进行自然语言处理时，首先需要考虑数据集的选择和预处理。数据集的选择和质量对于自然语言处理的效果有着很大的影响，因此需要选择合适的数据集，并进行数据清洗和预处理。其次还需要采用一些自然语言处理工具和技术。常用的自然语言处理工具包括 NLTK、spaCy、Stanford CoreNLP 等。这些工具包提供了很多自然语言处理的功能，如分词、词性标注、命名实体识别、句法分析等。最后，还需要选择合适的算法和模型。常用的算法包括朴素贝叶斯、支持向量机、决策树、随机森林等。同时，深度学习也成为自然语言处理的主流技术，常用的模型包括卷积神经网络(convolutional neural network，CNN)，循环神经网络(recurrent neural network，RNN)和 transformer 等。

一、规则和基于知识的方法

自然语言处理的规则和基于知识的方法主要依赖于预先编写的语法规则和词典。这类方法在早期研究中占据主导地位，但由于其维护成本高且泛化能力有限，逐渐被基于统计的方法所取代。以下是一个简单的基于规则和知识的自然语言处理算法的 Python 代码示例，实现了一个简单的天气问答系统。

```python
#定义天气规则数据
weather_data = {
    '北京':'晴',
    '上海':'多云',
    '广州':'雨',
    '深圳':'阴',
    #其他城市的天气规则可以继续添加
}
#天气问答系统
def weather_query(question):
    city = question.replace('天气','')
        if city in weather_data:
            return f"{city}的天气是：{weather_data[city]}"
        else:
            return f"抱歉，我暂时无法查询{city}的天气"
#用户交互
while True:
    user_input = input("请输入您想查询的城市天气：")
    if user_input == '退出':
        break
    else:
        result = weather_query(user_input)
        print(result)
```

这个简单的天气问答系统根据用户输入的城市名称，查询后返回对应的天气情况。它使用一个字典来存储不同城市的天气规则数据，然后根据用户输入的城市名称，从字典中获取对应的天气信息并进行返回。如果用户输入的城市不在规则数据中，系统会给出相应的提示信息。

当然我们也可以使用其他工具来实现基于规则和知识的自然语言处理算法：natural language toolkit（NLTK）是一个流行的自然语言处理库，它提供了许多工具和函数，可用于实现基于规则和知识的自然语言处理算法。例如，我们可以使用 NLTK 中的词性标注器、实体识别器和句法分析器等工具来分析自然语言文本。

spaCy 是另一个流行的自然语言处理库，它提供了高效的自然语言处理工具和算法。spaCy 提供了一些强大的工具，包括词性标注器、实体识别器、依存关系分析器和句法分析器等。

知识图谱是一种表示知识的方式，它可以用于实现基于知识的自然语言处理算法。Python 中有许多知识图谱的实现库，如 Pyke 和 RDFLib 等，可以帮助我们构建和管理知识图谱。

规则引擎是一种将规则映射到行动的软件，可以用于实现基于规则的自然语言处理算法。Python 中有许多规则引擎的实现库，如 Pyke 和 PyCLIPS 等，可以帮助我们实现基于规则的自然语言处理算法。

二、基于统计的方法

基于统计的方法利用大量语料库来学习自然语言的规律。这类方法在 20 世纪 80 年代开始崛起，取得了一系列重要的成果。例如，统计机器翻译、隐马尔可夫模型等。

以下是一个基于统计方法的自然语言处理算法的 Python 代码示例，该算法完成了文本分类任务，将文本分为两个类别：积极和消极。

```python
import numpy as np
from sklearn.feature_extraction.text import CountVectorizer
from sklearn.naive_bayes import MultinomialNB
#训练数据
X_train = ['这个产品很棒！', '我对这个产品非常满意', '这个产品超级好用']
y_train = ['积极', '积极', '积极']
#文本特征提取
vectorizer = CountVectorizer()
X_train_vectors = vectorizer.fit_transform(X_train)
#训练分类器
clf = MultinomialNB()
```

```
clf.fit(X_train_vectors, y_train)
#测试数据
X_test = ['这个产品很差!', '我对这个产品非常失望', '这个产品一点也不好用']
#使用分类器进行预测
X_test_vectors = vectorizer.transform(X_test)
y_pred = clf.predict(X_test_vectors)
#打印预测结果
for text, category inzip(X_test, y_pred):
    print(f"文本: {text}")
    print(f"分类结果: {category}")
    print()
```

这个代码示例使用了基于统计方法的文本分类算法。首先,我们定义了训练数据 X_train 和对应的标签 y_train,其中 X_train 包含了用于训练的文本样本,y_train 是对应的标签,标记了积极("积极")或消极("消极")类别。然后,我们使用 CountVectorizer 对文本进行特征提取,将文本转化为向量表示。CountVectorizer 通过计算文本中各个词语的出现频率,生成一个向量表示每个文本。接下来,我们使用 MultinomialNB 分类器进行训练。这里我们将训练数据 X_train_vectors 和标签 y_train 输入到分类器中,进行模型的训练。然后,我们定义了测试数据 X_test,包含了要进行分类的文本样本。最后,我们使用训练好的分类器对测试数据进行预测,得到分类结果 y_pred。通过遍历测试数据和对应的预测结果,我们打印出每个文本的分类结果。

这个代码示例非常简单,但是可以说明基于统计方法的自然语言处理算法的实现思路。我们可以通过提取文本特征,构建分类器,并对新文本进行分类,从而实现文本分类功能。当然,这个算法还有很多改进的空间,可以改进特征提取方法,优化分类器的性能等,以提高文本分类的准确性和可靠性。

4.7 小结

自然语言处理(natural language processing, NLP)是人工智能领域的研究内容,专注于处理和理解人类语言的技术和方法。NLP 的目标是使计算机能够理解、解析、生成和交互自然语言文本,实现对自然语言的自动处理和语义理解。

NLP 涵盖了广泛的任务和技术,包括但不限于以下内容。

(1)分词:将连续的文本分割成独立的单词或标记,是许多 NLP 任务的基础步骤。常见的分词方法包括基于规则的方法和基于统计的方法。

（2）词性标注：为单词赋予相应的词性标记，例如名词、动词、形容词等。词性标注可以帮助理解句子的语法结构和语义含义。

（3）句法分析：对句子的结构进行分析，识别并解析句子中的短语、句法依存关系和语法成分等。常见的方法有基于规则的句法分析和基于统计的句法分析。

（4）命名实体识别：识别文本中的具体实体，如人名、地名、组织机构等。命名实体识别常常是信息抽取和知识图谱构建的关键步骤。

（5）情感分析：识别和分析文本中的情感倾向，如积极、消极或中性。情感分析在社交媒体分析、舆情监测等方面具有重要作用。

（6）机器翻译：将一种语言的文本翻译成另一种语言的文本，使不同语种之间的交流成为可能。机器翻译涉及到双语语料的建模和翻译模型的构建。

（7）文本生成：利用 NLP 技术生成自然语言文本，如自动摘要、对话系统、聊天机器人等。这需要将生成模型和语言模型结合应用。

在 NLP 的研究和应用中，有以下几种常见的方法和技术。

基于规则和知识的方法：这种方法是利用人工定义的规则和语言知识来处理文本。例如，使用规则表达式和语言规则进行模式匹配和文本解析，或者使用专门构建的知识库和规则库进行语义解析和文本理解。

基于统计的方法：这种方法是利用大量的统计信息和机器学习算法来进行文本处理和理解。例如，使用统计语言模型进行词性标注、分词和句法分析，或者使用统计分类器如朴素贝叶斯、支持向量机等进行文本分类。

基于机器学习的方法：利用机器学习算法来自动学习文本的特征和模式，并进行文本处理和理解。例如，使用神经网络模型进行语义解析和情感分析，或者使用序列标注模型进行命名实体识别。

深度学习方法：近年来，随着深度学习技术的发展，如循环神经网络（RNN）、长短期记忆网络（LSTM）和变压器（transformer），NLP 在诸多任务上取得了显著进展。利用深度学习模型可以处理更复杂的语言结构和语义关系，提高 NLP 任务的性能和准确性。

在实际应用中，NLP 被广泛应用于文本分析、信息检索、智能客服、语音识别、机器翻译、智能问答系统、舆情监测等领域。随着技术的不断发展和数据的不断积累，NLP 的研究和应用持续推进，并在诸多领域带来了许多创新和变革。

第 5 章　智能机器人

5.1　概述

随着人工智能技术的不断发展，智能机器人的应用场景日益丰富、潜力巨大。智能机器人技术自 20 世纪 60 年代初问世以来，已经经历了近半个世纪的发展。在这段漫长的时间里，智能机器人的进步非常显著。智能机器人的概念已经深入人们的意识中，但是在智能机器人问世几十年来，对智能机器人的定义并没有一个统一的界定。并不是人们不愿意给智能机器人一个完整的定义，相反，智能机器人自诞生以来，一直是科技领域的重要研究方向。随着科技的发展和信息时代的到来，智能机器人的定义也在不断演变和发展，从最初的简单机械装置发展到现在的复杂人工智能系统，其涵盖的内容越来越丰富，新的机型和功能不断涌现。20 世纪 90 年代，随着计算机技术、微电子技术、网络技术等的快速发展，智能机器人技术得到了迅猛的发展。工业智能机器人水平不断提高，各种用于非制造业的智能机器人也取得了很大的进展。智能机器人作为人工智能的一种先进产品，其发展与人工智能技术的发展密不可分。在讨论人工智能时，智能机器人是这一领域不可忽视的一部分。

5.1.1　智能机器人发展状况

20 世纪 50~60 年，艾伦·图灵提出了图灵测试，这是评估机器是否具备智能的一种方法。随后约翰·麦卡锡等人举办了达特茅斯会议，标志着人工智能研究的开始。埃尔文·达比尔提出了 ELIZA，这是一个早期的聊天机器人，能够模拟人类对话。

1970—1980 年，塞缪尔·杜尔提出了 ELIZA 的升级版——PARRY，这是一个模拟精神病患者的机器人。Rollo Carpenter 开发了 Jabberwacky，这是一个基于机器学习的聊天机器人。

1990—2000 年，IBM 的深蓝超级计算机击败国际象棋世界冠军加里·卡斯帕罗夫，引起广泛关注。随后 IBM 的 Watson 开始开发，其后在 2011 年击败人类选手，在电视节目《危险边缘》中获胜。

2001—2010 年，首先是苹果公司发布了语音助手 Siri，引领了智能助理的发展。随后谷歌发布了智能助理 Google Now，并在之后推出了 Google Home 智能音箱。然后微软推出了智能助理 Cortana，并集成到 Windows 10 操作系统中。还有 Facebook 发布了 Messenger 平台上的聊天机器人 API，允许开发者创建自己的聊天机器人。再到 OpenAI 发布了 GPT 模型系列，包括 GPT-2 和 GPT-3，这些模型在自然语言处理任务中取得了重大突破。

2011—2020 年，智能机器人技术在语音识别、自然语言处理、机器学习等方面取得了持续的进展。越来越多的智能助理和聊天机器人应用于各个领域，如客户服务、医疗健康、教育和娱乐等。图 5.1 是儿童智能机器人李蛋蛋。

图 5.1　儿童智能机器人李蛋蛋

近年来，智能机器人的研究受到越来越多的关注，这促成了智能机器人这门综合性学科的形成。智能机器人具备学习、推理和决策的能力。为了提升智能机器人的这些能力，最新的智能技术被广泛应用于智能机器人领域，包括临场感技术、虚拟现实技术、多智能体技术、人工神经网络技术以及多传感器融合技术等。这些技术的应用有助于提高智能机器人的性能和功能，使其能够更好地适应各种任务和环境。

5.1.2 智能机器人的定义及分类

智能机器人的定义目前尚无一个统一的说法。在国际上，关于智能机器人的定义主要有以下几种：

（1）ISO 8373 标准：国际标准化组织（ISO）的 ISO 8373 标准定义了工业机器人的术语和定义。该标准将智能机器人定义为可编程的多功能执行设备，能够操纵物体或完成任务，并具备感知、决策和自主行动的能力。

（2）RIA R15.06 标准：美国机器人工业协会（RIA）的 R15.06 标准定义了工业机器人的安全要求。根据该标准，智能机器人被定义为可编程的多功能执行设备，能够感知和操作物体，并具备自主学习和适应能力。

（3）IEEE 标准：IEEE（国际电气和电子工程师协会）也提供了一些关于智能机器人的定义。例如，IEEE 标准机器人学和自动化学会（IEEE Robotics and Automation Society）将智能机器人定义为具备感知、推理、决策和行动能力的机器人系统。

（4）AI2 标准：AI2（人工智能与自主系统研究所）提出了一种智能机器人的定义，即具备感知、认知、学习和自主行动能力的机器人系统。

我国科学家对智能机器人的定义是，智能机器人是一种自动化的机器，所不同的是这种机器具备一些与人或生物相似的智能，如感知能力、规划能力、动作能力和协同能力，是一种具有高度灵活性的自动化机器。

智能机器人目前尚未有统一的分类方法，从不同的角度看智能机器人，就会有不同的分类方法。我们可以从以下几方面进行分类。

（1）从功能角度来分，可以分为工业机器人（主要用于工业制造领域，执行重复性、高精度的任务，如装配、焊接、喷涂等）、服务机器人（用于提供各种服务，如清洁机器人、导购机器人、餐厅服务机器人等）、医疗机器人（应用于医疗领域，如手术机器人、康复机器人、辅助诊断机器人等）、农业机器人（用于农业生产，如从事种植、喷洒、采摘等工作）、家庭机器人（用于家庭环境，提供家务助手、娱乐伴侣等功能）。

（2）从智能水平角度来分，可以分为弱人工智能机器人（具备基本的感知和执行能力，能够执行特定任务，但缺乏复杂的学习和推理能力）、强人工智能机器人（具备更高级的智能，能够学习、推理、适应环境变化，并具备更高的自主性和灵活性）。

（3）从外形角度来分，可以分为人形机器人（外形类似于人类，具备人类的运动能力和表情交流能力）、轮式机器人（使用轮子或履带作为移动装置，适用于平面环境的移动）、多足机器人（使用多条腿进行移动，具备更好的适应性和稳定性，适用于复杂地形）。

（4）从应用领域角度来说，可以分为工业机器人（应用于制造业、汽车工业等工业领域)、医疗机器人(应用于手术、康复、辅助诊断等医疗领域)、农业机器人(应用于农田种植、农作物管理等农业领域)、家庭机器人(用于家庭环境,提供家务助手、娱乐伴侣等功能)。

5.2　机械结构

智能机器人是一种具有人工智能和自主决策能力的机械装置,它们被设计用来模仿人类的行为和执行人类的各种任务。在创建智能机器人的过程中,机械结构起着至关重要的作用。机械结构不仅决定了机器人的外观和形态,更直接影响了机器人的运动能力、操作灵活性和适应性。

智能机器人的机械结构涉及多个方面,包括底盘、机械臂、传感器系统、控制系统以及电源和能源管理等。底盘作为机器人的基础,承载着整个机器人的结构和功能模块。机械臂则赋予机器人类似于人臂的精确定位和操作能力。传感器系统使得机器人能够感知和理解周围的环境,从而做出智能决策。控制系统整合了机械结构和传感器数据,实现对机器人运动和行为的控制。而电源和能源管理系统则确保机器人能正常运行,并提供持续的能量供给。

本节将着重介绍智能机器人的机械结构,探讨不同部分的设计原理和功能特点。通过深入了解智能机器人的机械结构,我们可以更好地理解机器人的运动原理和工作方式,为未来的机器人设计和应用提供参考和启示。

5.2.1　机器人底盘

机器人底盘是智能机器人的基础部分,它承载着机器人的整体结构和功能模块。机器人底盘的设计和选择直接影响了机器人的运动能力、稳定性和适应性。下面将详细介绍机器人底盘的主要组成部分和功能。

底盘框架:底盘框架是机器人底盘的骨架,它由一系列组件构成,用于承载和支撑机器人的整体结构和功能模块。底盘框架的具体组成部分可能因机器人的类型、应用场景和设计需求而有所不同,但通常包括以下几个主要组件。

(1)主体结构:主体结构是底盘框架的核心部分,它决定了机器人的整体形状和尺寸。主体结构通常由坚固耐用的材料(如铝合金、碳纤维等)制成,以提供足够的结构强度和刚性。主体结构的设计需要考虑机器人的重量、负载能力和稳定性。

(2)支撑结构:支撑结构用于连接和支撑机器人的各个功能模块和组件,包括横梁、支撑柱、连接板等,以确保各部分之间稳固连接和结构的完整性。支撑结构的设计需要考虑机器人的功能布局和空间利用效率。

（3）固定装置：固定装置用于固定和安装机器人的各种功能模块和设备，包括螺丝、螺母、紧固件等，以确保各组件的稳定固定和可靠连接。固定装置的设计需要考虑机器人的振动和冲击环境，以确保具有足够的抗震和防松能力。

（4）防护罩和外壳：防护罩和外壳用于保护机器人的内部组件免受外部环境的影响和损坏。它们可以防止灰尘、水分、碰撞等对机器人造成的损害。防护罩和外壳的设计需要考虑机器人的外观美观性和易维护性。

这些组件共同构成了机器人底盘框架的基本结构，为机器人提供了稳定的支撑和结构完整性。在设计底盘框架时，需要综合考虑机器人的应用需求、环境条件和性能要求，以确保底盘框架能够满足机器人的运动能力、稳定性和适应性的要求。

驱动系统：驱动系统是机器人底盘实现运动的关键部分，它由多个组件组成，用于提供动力和转换运动方式。驱动系统的具体组成部分可能因机器人的类型、应用场景和设计需求而有所不同，但通常包括以下几个主要组件。

（1）电机：电机是驱动系统的核心部件，它负责将电能转换为机械能，为机器人提供动力驱动机器人运动。根据具体需求，驱动系统可选用直流电机、步进电机、无刷电机等不同类型的电机。

（2）减速器：减速器用于将高速旋转的电机转速降低，并提供足够的扭矩输出。减速器可以通过齿轮传动、带传动、行星齿轮传动等方式实现，以满足机器人对不同速度和扭矩的需求。

（3）传动装置：传动装置将减速器输出的扭矩传递给底盘上的轮子或履带，实现机器人的前进、后退、转向和转弯等运动功能。传动装置可以采用链条、皮带、齿轮等传动方式，以适应不同的底盘结构和运动需求。

（4）轮子或履带：轮子或履带是机器人底盘与地面接触的部分，它们通过传动装置接收驱动力，使机器人能够在不同地形上移动。轮子适用于平坦地面和室内环境，而履带则更适合于不平坦地面和户外环境。

（5）转向系统：转向系统用于控制机器人的转向和转弯。它可以通过电机驱动、舵机控制或液压系统实现。转向系统的设计和控制方式对于机器人的精确定位和导航非常重要。

以上是驱动系统的主要组成部分，它们共同协作，使机器人底盘能够实现各种运动功能。在设计驱动系统时，需要综合考虑机器人的应用需求、速度要求、扭矩需求以及对不同地形的适应性，以实现最佳的运动性能和控制精度。

悬挂系统：悬挂系统是机器人底盘的重要组成部分，它用于减震和保持底盘与地面的接触稳定。悬挂系统可以提高机器人在不平坦地面上的稳定性、行驶舒适性和越障能力。悬挂系统的具体组成部分可能因机器人的类型、应用场景和设计需求不同而有所不同，但通常包括以下几个主要组件。

(1)弹簧：弹簧是悬挂系统中常见的减震元件，它能够吸收和缓解地面的冲击力，保持底盘与地面的接触稳定。弹簧的选择和调整可以根据机器人的重量、载荷和地形条件进行优化。

(2)减震器：减震器(也称为避震器或阻尼器)是悬挂系统的重要组件，它通过内部的阻尼机构来吸收和控制底盘的振动和冲击。减震器可以采用液压、气压或机械阻尼等方式，以提供更好的减震效果和稳定性。

(3)悬挂臂或连杆：悬挂臂或连杆连接底盘和轮子(或履带)，起到支撑和传递悬挂力的作用。悬挂臂或连杆的设计需要考虑机器人的底盘结构和运动方式，以确保悬挂力的均匀分布和合适的角度。

(4)调节装置：调节装置用于调整悬挂系统的刚度和高度，以适应不同地形和路面条件，包括弹簧预紧力调节、减震器阻尼调节、悬挂臂长度调节等，以实现对悬挂系统的灵活调整和优化。

(5)轮胎或履带：轮胎或履带是悬挂系统与地面直接接触的部分，它们通过悬挂系统传递驱动力达到减震效果。轮胎或履带的选择需要考虑机器人的应用场景、地形条件和摩擦性能，以提供良好的牵引力和抓地力。

通过合理设计和选择悬挂系统的组件，可以提高机器人在不平坦地面上的稳定性、行驶舒适性和越障能力。悬挂系统的具体设计需要综合考虑机器人的应用需求、地形条件、载荷要求和运动性能，以实现最佳的悬挂效果和控制精度。

导航和定位系统：导航和定位系统是机器人底盘的重要组成部分，用于确定机器人在空间中的位置和方向。这些系统采用多种传感器和技术，以实现精确导航和定位功能。导航和定位系统的具体组成部分可能因机器人的类型、应用场景和设计需求不同而有所不同，但通常包括以下几个主要组件。

(1)惯性测量单元(IMU)：惯性测量单元是导航和定位系统的核心组件之一，它通常由加速度计和陀螺仪组成，用于测量机器人的加速度、角速度和姿态。通过分析和积分这些测量值，可以推算出机器人的位置和方向变化。

(2)全球定位系统(GPS)：全球定位系统是一种使用卫星信号进行导航和定位的技术。通过接收来自卫星的信号，机器人可以确定自身的经度、纬度和海拔高度。GPS可以提供全球范围内的较为精确的定位信息，但在室内或遮挡物较多的环境下可能受到限制。

(3)激光雷达：激光雷达是一种主动式传感器，通过发射激光束并测量其返回时间来获取周围环境的距离和形状信息。激光雷达可以用于建立环境地图，并通过比较地图和当前测量数据来实现机器人的定位和导航。

(4)视觉传感器：视觉传感器(如摄像头)用于获取环境中的图像或视频信息。通过对图像进行处理和分析，机器人可以实现目标识别、地标识别、特征匹配等功能，从而实现自身位置的确定和导航。

(5)里程计：里程计是一种依据轮子或履带旋转的信息来估计机器人位移的传感器。通过监测轮子或履带的旋转量，可以推算出机器人的位移和运动轨迹。里程计常与其他导航和定位系统结合使用，以提高定位精度和鲁棒性。

除了以上主要组件外，导航和定位系统还可能包括姿态传感器(如磁力计)、无线通信模块(如 Wi-Fi 或蓝牙)、地标或标志物等辅助定位元素。综合使用这些组件，机器人具备实现高精度导航、定位和路径规划能力，以适应不同环境和任务需求。在设计导航和定位系统时，需要综合考虑机器人的应用场景、定位精度要求、环境条件和成本等因素，以实现最佳的导航和定位性能。

电源和能源管理：电源和能源管理是机器人底盘的重要组成部分，它涉及到供电和能源利用的方方面面。电源和能源管理的具体组成部分可能因机器人的类型、应用场景和设计需求的不同而有所不同，但通常包括以下几个主要组件和功能。

(1)电源系统：电源系统提供机器人所需的电能。它通常包括电池、电池管理系统(BMS)和电源转换器。电池可以是锂电池、铅酸电池等不同类型的电池，而 BMS 负责监控电池状态、保护电池充放电过程，并确保电池的安全和寿命。电源转换器用于将电池提供的直流电转换为机器人所需的各种电压和电流。

(2)充电系统：充电系统用于给机器人的电池进行充电。它包括充电器、充电接口和充电管理系统。充电器将交流电转换为适合电池充电的直流电，并通过充电接口与机器人连接。充电管理系统监控和控制充电过程，包括充电状态的检测、充放电策略的制定以及充电安全保护功能。

(3)能源管理系统：能源管理系统用于优化能源的利用和分配，以提高机器人的能效和续航能力。它包括能源监测和分析、能源调度和优化算法、节能策略等。通过合理管理和分配能源，能源管理系统可以延长机器人的工作时间，并提高其在不同任务和环境下的性能。

(4)低功耗设计：低功耗设计是电源和能源管理的重要考虑因素之一。通过采用低功耗的电子元件、优化设计电路、休眠模式和智能功率管理等技术手段，可以降低机器人的能耗，延长电池使用时间，并减少对电源的依赖。

(5)故障监测和保护：故障监测和保护功能是指检测和防止电源和能源管理系统的故障。它具有过压保护、欠压保护、过流保护、短路保护等功能，以确保电源和能源管理系统运行安全和可靠。

通过合理设计和管理电源和能源，可以确保机器人底盘在工作过程中获得稳定的电力供应，提高能源利用效率，延长工作时间，并确保电源和能源管理系统的安全和可靠性。在设计电源和能源管理系统时，需要综合考虑机器人的应用需求、电源容量、能源利用效率、充电需求和安全性等因素。

5.2.2　机械臂

智能机器人的机械臂作为人工智能和机械工程的结合体，正逐渐引起人们的广泛关注和兴趣。它不仅继承了传统机械臂的精确性和灵活性，还融入了自主感知、学习和决策等智能化功能，使其具备了更高级的智能和自主性。

智能机器人的机械臂在工业生产、医疗手术、服务行业等领域发挥着重要作用。在工业领域，它可以承担繁重、危险或重复性的工作任务，提高生产效率和质量，并减少人力成本。在医疗领域，它可以进行精确而安全的手术操作，帮助医生实现更高水平的治疗。在服务行业，它可以提供个性化的服务和指导，为用户常来更好的体验。

本小节将深入探讨智能机器人机械臂的原理、技术组成和应用领域。我们将介绍机械臂的结构和动作控制方式，以及智能化技术在其中的应用。为进一步探索和应用该技术提供了理论基础和参考。智能机器人机械臂的发展将为我们的生活和工作带来更多可能性，并推动科技进步和社会发展。

智能机器人机械臂的原理：通过结合人工智能和机械工程的技术，使机械臂具备感知、学习和决策的能力。智能机器人机械臂通过传感器获取外部环境的信息，包括视觉、力觉、声音等多种感知传感器。其中，视觉传感器可以用于识别和定位目标物体，力觉传感器可以感知物体的力量和压力，声音传感器可以接收声音信号。通过这些感知能力，机械臂能够获取周围环境的信息，并根据需要进行相应的操作。同时智能机器人机械臂具备学习能力，可以通过机器学习算法和深度学习模型进行训练和优化。通过给机械臂提供大量的训练数据和反馈信息，它可以逐步学习和掌握执行各种任务的技能。例如，通过示教方式或虚拟仿真训练，机械臂可以学会精确抓取物体、进行装配操作等。最后智能机器人机械臂通过集成控制系统和决策算法，能够根据感知到的环境信息和学习到的知识做出决策。它可以根据任务要求和优化目标，自主选择合适的动作和规划路径，以实现高效、准确的操作。例如，在装配任务中，机械臂可以根据零部件的位置和形状，自动选择最佳的抓取姿态和装配顺序。

总体而言，智能机器人机械臂的原理是将感知、学习和决策能力集成到机械臂系统中，使其能够根据环境变化和任务需求，自主地执行各种复杂的操作。它结合了人工智能和机械工程的技术，具有更高级的智能和自主性，拓展了其在各个领域的应用范围并提高了其效能。

智能机器人机械臂的技术构成：智能机器人机械臂的技术组成包括机械结构、传感器、控制系统、算法与规划和人工智能技术 5 个方面。智能机器人机械臂的机械结构是其基础组成部分，包括关节、连杆、末端执行器等。通过精确的设计和制造，机械臂的灵活性和精确性得到提升，能够完成各种任务。智能机器人机械臂通过各种传感器来感知外部环境获取执行任务所需的信息。常用的传感器包括视觉传感器、力觉传感器、位置传感器等。视觉传感器用于识别和定位目标物体,力觉传感器可以感知物体的力量和压力,位置传感器可以测量关节和末端执行器的位置。智能机器人机械臂的控制系统负责控制机械臂的运动和执行任务。它由硬件和软件组成,包括控制器、驱动器、编码器等。控制系统接收传感器的反馈信号,并根据预设的算法和规划路径,控制机械臂的运动和姿态。智能机器人机械臂的算法与规划部分负责根据任务要求和环境条件,生成机械臂的运动轨迹和动作序列。它包括路径规划、运动规划、姿态控制等算法。这些算法可以通过优化和学习,使机械臂能够更加高效、准确地执行任务。智能机器人机械臂的关键技术之一是人工智能。通过人工智能技术,机械臂可以具备感知、学习和决策的能力,实现自主化操作。例如,通过机器学习和深度学习算法,机械臂可以学习和优化执行任务的策略,提高执行任务的效率和准确性。

综上所述,智能机器人机械臂的技术组成包括机械结构、传感器、控制系统、算法与规划以及人工智能技术。这些技术相互配合,使机械臂具备感知、学习和决策的能力,实现更高级的智能化操作。

智能机器人机械臂应用领域如下。

(1)工业制造:智能机器人机械臂在工业制造领域发挥着重要作用。它可以承担繁重、危险或重复性的工作任务,提高生产效率和质量,并减少人力成本。例如,在汽车制造行业,机械臂可以完成车身焊接、零部件装配等工作;在电子制造过程中,机械臂可以进行芯片封装、电路板组装等操作。图5.2是装载了机械臂的智能轮式环卫机器人实物。

图5.2 装载机械臂的智能轮式环卫机器人实物

（2）医疗领域：智能机器人机械臂在医疗领域的应用非常广泛，比如智能机器人机械臂可以辅助医生进行精确的手术操作。通过结合图像导航和机器人技术，机械臂可以准确地定位手术目标，进行更精细的手术切割和缝合操作，减少患者手术风险和并发症。又比如在患者的康复训练中，智能机器人机械臂可以帮助患者恢复肌肉功能和运动能力。机械臂可以根据患者的情况进行个性化的康复训练，提供适当的力量和运动范围，促进患者肌肉恢复和运动协调。图 5.3 是全球最先进的微创外科手术机器人达芬奇-格物者。

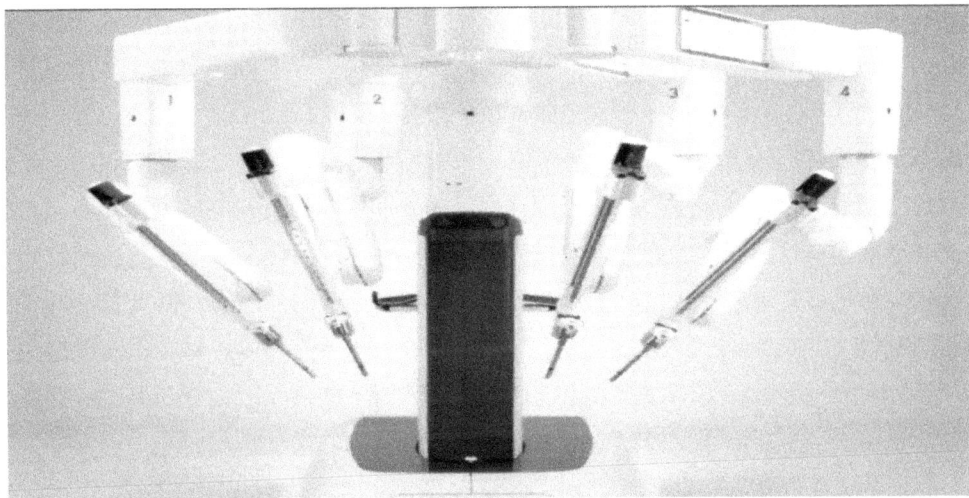

图 5.3　全球最先进的微创外科手术机器人达芬奇-格物者

（3）服务业领域：智能机器人机械臂在服务业领域的应用也非常广泛，比如在餐饮服务行业智能机器人机械臂可以用于餐厅的自动化服务。机械臂可以接收顾客的点餐信息，准确地取餐、送餐，提供高效的餐饮服务。同时，机械臂还可以进行餐桌清理和餐具消毒等工作，提高餐厅保洁服务水平和效率。智能机器人机械臂还可以提供各种酒店服务。例如，机械臂可以接待客人、提供行李搬运服务、提供房间清洁和整理服务等。这可以减轻酒店员工的工作负担，提高服务效率，并为客人提供独特的体验。

5.3　智能控制

机器人控制技术的目标是确保机器人的各个关节或末端执行器能够按照预定的轨迹进行动态运动或稳定在指定的位置上。然而，由于关节之间相互影响，机器人表现出复杂的非线性特性，给动态控制带来了挑战。机器人控制的主要目的有两个方面：一是实现闭环误差系统的稳定，使轨迹跟踪误差迅速趋近于零；二是抑制干扰，尽可能减小干扰信号对跟踪精度的影响。如果我们能够准确建立描述机器人动态的数学模型，并且能够检测到干扰信号，那么使用线性伺服控制理论来设计控制器，实现这两个目标并不是太困难。然而，在实际系统中，获取精确的数学模型是困难的。建模过程中忽略的高频特性、关节摩擦以及信号检测误差等不确定性因素都会导致模型误差。此外，机器人装置中存在各种干扰信号，这些信号往往不是单一的可检测信号。因此，在设计实际的机器人动态控制系统时，必须考虑这些不确定因素对控制品质的影响。控制理论的发展经历了 3 个阶段：第一阶段是从 20 世纪初开始形成并在 50 年代达到成熟的基于反馈和传递函数的古典控制理论阶段；第二阶段是在 20 世纪 50~60 年代发展起来的以状态空间分析为基础的现代控制理论阶段；第三阶段是从 20 世纪 60 年代中期开始，在发展过程中综合了人工智能、自动控制、运筹学、信息论等多学科成果形成的智能控制理论阶段。

随着机器人技术的发展，传统控制理论在无法精确解析建模的物理对象和信息不足的病态过程方面暴露出一些缺点。为了克服这些缺点，近年来学者们提出了各种不同的机器人智能控制系统。这些智能控制方法包括模糊控制、神经网络控制以及智能控制技术的融合，如模糊控制和变结构控制的融合、神经网络和变结构控制的融合、模糊控制和神经网络控制的融合，还有基于遗传算法的模糊控制方法等。机器人智能控制在理论和应用方面都取得了较大的进展。在模糊控制方面，研究人员证明了模糊系统的逼近特性，并将模糊理论首次应用于实际机器人。模糊系统在机器人的建模、对柔性臂的控制、模糊补偿控制以及移动机器人路径规划等领域都得到了广泛应用。在机器人神经网络控制方面，CMCA（cerebella model controller articulation）是一种较早应用的控制方法，其最大特点是实时性强，特别适用于多自由度操作臂的控制。

智能控制方法提高了机器人的速度和精度，但也存在一定的局限性。例如，在机器人模糊控制中，如果规则库很庞大，推理过程的时间会很长；如果规则库很简单，控制的精确性会受到限制。无论是模糊控制还是变结构控制，抖振现象都会存在，这对控制带来严重影响。此外，确定神经网络的隐层数量和隐层内神经元数仍然是控制方面的挑战，而神经网络容易陷入局部极小值也是智能控制设计中需要解决的问题。

5.3.1　模糊控制

模糊控制是一种基于模糊集理论、模糊语言变量和模糊逻辑推理的智能控制方法。它模仿人类的模糊推理和决策过程，通过将专家经验编码成模糊规则，将传感器的实时信号模糊化，并使用模糊推理来生成输出信号，最终控制执行器的行为。这种方法能够有效地处理不确定性和模糊性，并在复杂环境中实现智能控制。

模糊控制在各个应用领域都有广泛应用，并且已经有很多文献对其进行了报道。研究的重点主要在于提高常规模糊控制器的性能和增强其学习能力。已经有一些成功的研究成果,例如可调整参数的模糊控制器、参数自适应的模糊控制器、自学习模糊控制器和神经网络模糊控制器等。下面将介绍模糊控制器的基本原理以及其在机器人控制中的应用(图 5.3)。

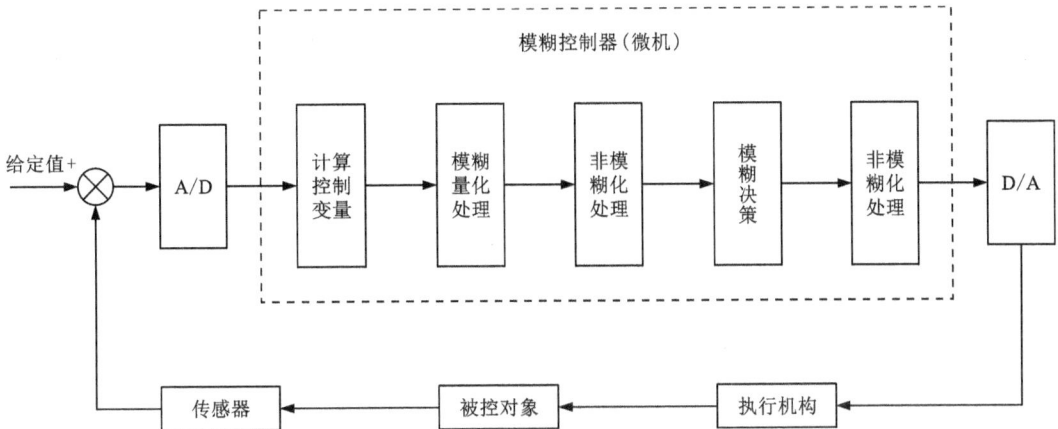

图 5.4　模糊控制器基本原理框图

1. 模糊控制器的设计

模糊控制器是模糊控制系统的核心部分,模糊控制器的设计一般包括以下内容:

(1)确定模糊控制器的输入变量和输出变量(即控制量)。

(2)设计模糊控制器的控制规则。

(3)确定模糊化和非模糊化的方法。

(4)选择模糊控制器的输入变量及输出变量的论域并确定模糊控制器的参数。

(5)模糊控制算法的实现。

模糊控制器的结构设计主要涉及输入变量和输出变量的选择,以及不同组合和扩展的问题。这些方面的研究是为了提高模糊控制器的性能和适应性。

模糊控制器(FC)的基本结构如图 5.5 所示。控制器由 4 个部分组成,即模糊化接口、规则库、推理算法和去模糊化接口。

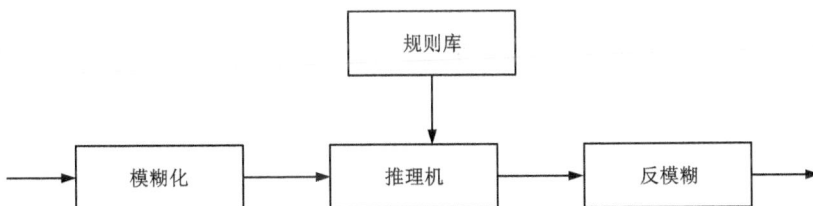

图 5.5　模糊控制器的结构

2. 模糊控制规则的设计

准确地制定一套模糊控制规则对于设计模糊控制器至关重要，因为模糊控制规则是基于系统控制经验总结出来的。一般而言，模糊控制规则的设计包括 3 个方面：选择描述输入输出的词集、定义各模糊变量的模糊子集，以及建立模糊控制器的控制规则。

(1)选择描述输入输出的词集：模糊控制器的控制规则是由不同输入输出模糊语言变量的语言值组合而成的一系列模糊条件语句。这些规则反映了人工控制的某种思维方式。在模糊条件语句中，描述输入输出语言变量状态的词汇集合(如"正大""负小"等)被称为模糊语言变量的词集。

模糊控制器的输入输出变量状态可以用一系列词汇来描述。常见的词汇包括"大""中""小"，但由于人的动作和客观事物具有正、反两个方向以及正、负两种状态，因此可以进一步扩展模糊变量的描述，使用以下 7 个词汇：

$$\{负大、负中、负小、零、正小、正中、正大\}$$

用英文字头缩写为：

$$\{NB、NM、NS、Z、PS、PM、PB\}$$

对于误差这个输入量，常将"零"分为"正零"和"负零"，其目的是减少误差 $E = 0$ 附近的死区，这样词集变为：

$$\{NB、NM、NS、NZ、PZ、PS、PM、PB\}$$

模糊控制器中的输入输出变量都具有模糊特性，可以用模糊集合来表示。而确定模糊概念的问题则转化为求解模糊集合的隶属度函数。

(2)定义模糊变量的模糊子集：模糊语言变量的每个语言值实际上是模糊论域上的一个模糊子集。模糊子集的定义通过隶属度函数来描述。隶属度函数可以以连续函数的形式表示，也可以以离散的量化等级形式表示。将确定的隶属函数曲线离散化，得到有限个点上的隶属度，从而构成相应模糊变量的模糊子集。

(3)建立模糊控制器的控制规则：模糊控制器的控制规则是基于手动控制策略而形成的。手动控制策略是人们通过学习、试验和长期经验积累所形成的技术知识集合，存储在操作者的头脑中。在手动控制过程中，操作者通过观测被控对象(即过程)，综合分析已有的经验和技术知识，作出决策来调整对被控对象的控制作用，以达到预期的目的。

模糊控制规则如表 5.1 所示。其中 E 表示误差，EC 表示误差变化，U 表示输出变量，第一列(NB, NS, …)是 E 的语言变量，同理，第一行是 EC 的语言变量。建立这个模糊规则表则有以下 3 种方法：

表 5.1　控制规则表

E	EC				
	NB	NS	ZE	PS	PB
	U				
NB	PB	PB	PB	PS	ZE
NS	PB	PS	PS	ZE	NS
NZ	PB	PS	ZE	ZE	NB
PZ	PB	ZE	ZE	NS	NB
PS	PS	ZE	NS	NS	NB
PB	ZE	NS	NB	NB	NB

（1）以控制工程知识和成熟的控制经验为基础。

（2）以操作人员的实际控制过程为基础。

（3）过程模糊模型。

在实际应用中，模糊控制一般可以应用于机器人以下几个方面。

其一，用于智能机器人的路径规划和导航控制。通过使用模糊集合和模糊语言变量来描述环境中的障碍物、目标位置等，利用模糊规则和模糊推理来生成机器人的运动控制策略。这样，机器人可以根据实时的传感器数据和环境信息，模糊推理出适合的运动指令，以实现安全、高效的路径规划和导航控制。

其二，用于机器人的动作决策和执行控制。通过将专家经验编码成模糊规则，将传感器的实时信号模糊化，利用模糊推理来生成机器人的动作决策和执行控制策略。例如，在机器人足球比赛中，模糊控制可以根据球场上的位置、速度等信息，模糊推理出机器人的移动方向和速度，以实现灵活、协调的运动控制。

其三，用于机器人的物体识别和抓取控制。通过将物体的特征信息模糊化，利用模糊推理来生成机器人的抓取控制策略。例如，在机器人视觉系统中，模糊控制可以根据物体的形状、颜色等特征信息，模糊推理出机器人的抓取位置和力度，以实现准确、稳定的物体抓取控制。

其四，用于机器人的环境感知和决策控制。通过将环境中的传感器数据模糊化，利用模糊推理来生成机器人的决策控制策略。例如，在无人驾驶汽车中，模糊控制可以根据车辆周围的障碍物、交通信号等信息，模糊推理出车辆的行驶方向和速度，以实现安全、自主的驾驶控制。

其五，用于机器人的人机交互和情感识别。通过将人类的语言、表情等信息模糊化，利用模糊推理来生成机器人的交互和情感识别策略。例如，在机器人陪伴系统中，模糊控制可以根据人类的语音、表情等信息，模糊推理出机器人的回应和情感状态，以实现自然、亲和的人机交互和情感识别。

从以上几个方面的应用可以看出模糊控制在机器人的智能控制中具有重要的作用。它能够有效地处理不确定性和模糊性，使机器人能够适应复杂环境、做出智能决策和控制，并与人类进行自然、亲和的交互。随着模糊控制理论的不断发展和完善，相信它将在机器人领域发挥越来越重要的作用，推动机器人技术的进一步发展和应用。

5.3.2 神经网络控制

神经网络的研究始于 20 世纪 60 年代，并在 80 年代取得了快速发展。近年来，神经网络的研究目标主要集中在复杂非线性系统的识别和控制等方面。神经网络在控制应用上具有以下特点：能够充分逼近任意复杂的非线性系统；能够学习和适应不确定系统的动态特性；具有很强的鲁棒性和容错性。因此，神经网络在机器人控制方面具有很大的吸引力。

常见的在机器人神经网络动力学控制方法包括计算力矩控制和分解运动加速度控制。前者在关节空间闭环控制，后者在直角坐标空间闭环控制。在基于模型计算力矩控制结构中，逆运动学计算是关键。为了实现实时计算和避免参数不确定性，可以通过神经网络实现输入输出的非线性关系。对于多自由度的机器人手臂，输入参数较多，学习时间较长。为了减少训练数据样本的数量，可以将整个系统分解为多个子系统，分别对每个子系统进行学习，从而减少网络的训练时间，实现实时控制。图 5.6 是神经网络的方法与流程图。

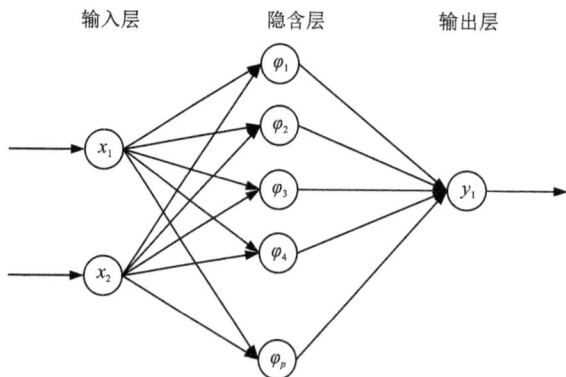

图 5.6　神经网络方法与流程

Albus 提出了一种基于人脑记忆和神经肌肉控制模型的机器人关节控制方法，即 CM-CA 法。该方法以数学模块为基础，采用查表方式生成以离散状态输入为响应的输出向量。在控制中，状态向量输入来自机器人关节的位置和速度反馈，输出向量为机器人驱动信号。也可以利用 CMCA 模拟机器人动力学方程，计算实现期望运动所需力矩将之作为前馈控制力矩，采用自适应反馈控制消除输入扰动及参数变化引起的误差。仿真实验证明，在经过 4 个控制周期后，控制过程的误差趋近于零。

基于无源理论，F. I. Lewis 提出了一类网络利用功能连接的神经网络逼近机器人动力学模型，并采用连接权在线调整方法，以保证神经网络自适应控制算法闭环稳定。通过对语句进行重新组织和修改，可以降低查重率，并使其能更加清晰和准确地描述神经网络在机器人控制方面的应用和相关方法。

5.4 路径规划

智能机器人路径规划技术是指机器人根据自身传感器对环境的感知，自主规划出一条安全的运行路线，并高效完成作业任务。智能机器人路径规划主要解决 3 个问题：①使机器人能够从初始点运动到目标点；②通过一定的算法使机器人能够绕开障碍物，并经过必要的点完成相应的作业任务；③在完成以上任务的前提下，尽量优化机器人的运行轨迹。

机器人路径规划技术是智能移动机器人研究的核心内容之一。它起源于 20 世纪 70 年代，并已经取得了大量的研究成果。根据机器人对环境感知的角度，部分学者将移动机器人路径规划方法分为基于环境模型的规划方法、基于事例学习的规划方法和基于行为的路径规划方法。从机器人路径规划的目标范围来看，又可分为全局路径规划和局部路径规划。根据规划环境是否随时间变化，还可分为静态路径规划和动态路径规划。

智能机器人路径规划的具体算法和策略可以概括为以下 4 类：模板匹配路径规划技术、人工势场路径规划技术、地图构建路径规划技术和人工智能路径规划技术。这些方法各有特点，可以根据具体应用场景选择合适的方法。对这些方法进行总结和评价，并展望了移动机器人路径规划的未来发展方向。

5.4.1 模板匹配路径规划技术

模板匹配路径规划方法是一种将机器人当前状态与过去经历进行比较的方法，通过找到最接近的状态并修改该状态下的路径，得到一条新的路径。该方法首先需建立一个模版库，库中的每个模板包含每次规划的环境信息和路径信息，并通过特定的索引进行访问。然后，将当前规划任务和环境信息与模板库中的模版进行匹配，找到最优匹配的模版，并对该模版进行修正，得到最终的路径结果。

模板匹配技术在确定环境情况下具有较好的应用效果。例如，基于案例的自治水下机器人（AUV）路径规划方法和清洁机器人的模板匹配路径规划方法等。为了提高模板匹配路径规划技术对环境变化的适应性，一些学者提出了将模板匹配与神经网络学习相结合的方法。例如，将基于案例的在线匹配和增强式学习相结合，提高了模板匹配规划方法中机器人的自适应性能，使其能够部分适应环境的变化。还有将环境模板与神经网络学习相结合的路径规划方法等。

尽管模板匹配路径规划方法原理简单且在匹配成功时效果较好，但该方法存在一些致命缺陷。首先，它依赖于机器人的过去经验，如果案例库中没有足够的路径模板，就可能无法找到与当前状态相匹配的路径。其次，该方法主要是针对静态环境的路径规划，在环境动态变化时较难找到匹配的路径模板。这些不足严重限制了模板匹配路径规划技术的深入研究和推广应用，因此，模板匹配需要具备足够的匹配案例（路径）以及对环境变化的适应性。

5.4.2　人工势场路径规划技术

人工势场路径规划技术的基本思想是将机器人在环境中的运动视为一种在虚拟的人工受力场中的运动。障碍物对机器人产生斥力，目标点对机器人产生引力，引力和斥力的合力作为机器人的控制力，从而控制机器人避开障碍物并到达目标位置。

早期的人工势场路径规划研究主要针对静态环境，即将障碍物和目标物都视为是静态不变的。机器人仅根据静态环境中障碍物和目标物的具体位置规划运动路径，并不考虑它们的移动速度。然而，现实世界中的环境往往是动态的，障碍物和目标物都可能是移动的。为了解决动态环境中机器人的路径规划问题，一些研究者提出了相对动态的人工势场方法。该方法将时间视为规划模型的一维参数，而移动的障碍物在扩展的模型中仍被视为静态的，从而可以运用静态路径规划方法实现动态路径规划。然而，该方法存在一个主要问题，即假设机器人的轨迹总是已知的，而在现实世界中很难实现。为了解决这个问题，一些研究者将障碍物的速度参数引入到斥力势函数的构造中，提出了动态环境中的路径规划策略，并给出了仿真结果。然而，该方法的两个假设使其与实际的动态环境存在一定距离：一是仅考虑环境中障碍物的运动速度，未考虑机器人的运动速度；二是认为障碍物与机器人之间的相对速度是固定不变的，这与完整的动态环境不符。对于动态路径规划，与机器人避障相关的主要是机器人与障碍物之间的相对位置和相对速度，而非绝对位置和速度。为此，一些研究者将机器人与目标物的相对位置和相对速度引入吸引势函数，将机器人与障碍物的相对位置和相对速度引入排斥势函数，提出了动态环境下的机器人路径规划算法，并将该算法应用于全方位足球移动机器人的路径规划中，取得了比较满意的仿真和实验结果。在此基础上，一些研究者进一步考虑了多障碍物的路径规划和人工势场路径规划的局部极小点问题，提出了移动机器人"能见度势场"的概念，并给出了障碍物削减策略，以解决多障碍物路径规划中计算量激增的问题。最近，还有研究者将模糊理论与人工势场技术相结合，提出了模糊人工势场算法，并结合机器人动力学模型，给出了相对完整的移动机器人路径规划和驱动控制方法。如图 5.7 所示是基于人工势场法的路径规划方法与流程。

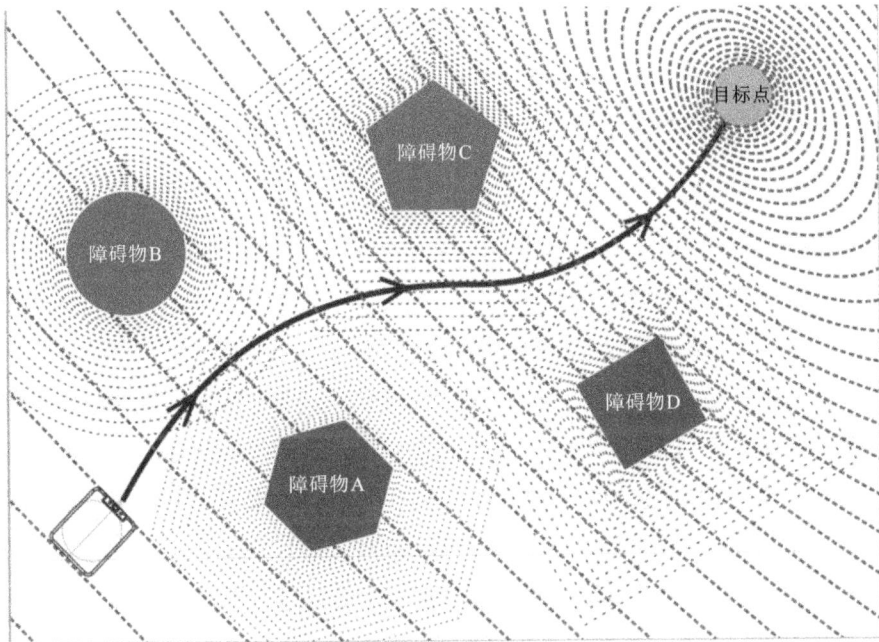

图 5.7　基于人工势场法的路径规划方法与流程

　　人工势场路径规划技术原理简单，便于底层的实时控制，在机器人的实时避障和平滑轨迹控制等方面进行广泛研究。然而，人工势场路径规划方法通常存在局部极小点的问题，尽管也有不少针对局部极小点的改进方法，但目前仍未找到完全满意的解决方案。另外，在引力和斥力场设计时存在人为不确定因素，在障碍物较多时还存在计算量过大等问题，这些因素限制了人工势场路径规划方法的广泛应用。其应用难点在于动态环境中引力场与斥力场的设计以及局部极小点问题的解决。

5.5　小结

　　本章主要阐述了智能机器人的机械机构、智能控制、路径规划等几个方面的内容。

　　首先，介绍了智能机器人机械机构中底盘和机械臂的基本概念和功能。机器人底盘是机器人的支撑和运动平台，机械臂是机器人的主要运动部件。机器人底盘的结构和性能直接影响机器人的稳定性和运动性能，而机械臂的结构和设计则决定了机器人的动作能力和精度。因此，机器人底盘和机械臂的设计和优化是机器人系统的关键一环。

其次，探讨了智能机器人智能控制的两种方法，分别是模糊控制和神经网络控制。并简单介绍了模糊控制和神经网络控制的基本原理和应用。模糊控制是一种基于模糊逻辑的控制方法，它通过模糊规则和模糊推理实现对系统的控制。神经网络控制则是通过神经网络模型来实现对系统的控制。这两种控制方法都具有良好的鲁棒性和适应性，适用于复杂的非线性系统。

然后，分析了智能机器人路径规划的两种技术，包括模版匹配路径规划技术和人工势场路径规划技术。并简单介绍了模版匹配路径规划技术和人工势场路径规划技术的基本原理和应用。模版匹配路径规划技术是通过匹配机器人当前状态和预定义的模板，来确定机器人的运动路径。人工势场路径规划技术则是通过构建人工势场，来引导机器人向目标点运动。这两种路径规划技术都具有良好的实时性和准确性，适用于复杂的环境和任务。

通过本章的研究，我们对机器人系统有了初步了解，机器人底盘、机械臂、模糊控制、神经网络控制和路径规划技术等是机器人系统的重要组成部分，它们共同构成机器人的核心功能。机器人底盘和机械臂使机器人实现运动功能，模糊控制和神经网络控制则使机器人具有了自主决策和行动的能力，而路径规划技术则是机器人实现自主运动和操作的关键技术。因此，这些方面的研究对于推动机器人技术的发展具有重要意义。

未来，我们将继续深入研究这些方面的技术，并探索如何将它们更好地应用于实际场景中，以满足各种复杂任务的需求。同时，我们也期待更多的研究者参与到这个领域中来，共同推动智能机器人技术的进步和发展。

第6章 语音处理技术

6.1 概述

语音处理技术是一门涉及声音信号分析、合成和处理的跨学科技术。它的目标是使计算机能够理解、生成与人类进行交互的语言。这门技术已经对我们的生活产生了深远的影响,涵盖了多个应用领域,包括语音识别、语音合成、语音分析、语音处理和声音增强等。在本文中,我们将深入探讨语音处理技术的关键环节、应用领域以及未来的发展趋势。

语音处理技术的起源可以追溯到 20 世纪初,当时研究人员开始探索如何将人类声音转化为机器可以理解的形式。随着时间的推移,这一领域的研究得到了不断发展,涌现出了许多重要的技术和方法。

声音是一种机械波,通过空气传播。它由振动的分子引起,具有频率、振幅和波形等特性。这些特性使得声音信号变得非常复杂,需要专门的工具和算法来进行分析和处理。

语音处理技术涉及多个关键环节(6.1),下面分别介绍。

语音识别:语音识别技术旨在将口语语音转化为文本形式。这使得计算机能够理解并处理口头语言。语音识别在语音助手(如 Siri、Alexa、Google assistant)、电话客服自动化、语音搜索、自动字幕生成等方面得到广泛使用。

语音合成:语音合成技术用于计算机生成语音,将文本转化为声音。它在文本到语音(TTS)应用、虚拟助手、无障碍辅助技术等方面发挥作用。

声音分析:声音分析技术用于研究和提取语音信号的特征,例如音调、音频频谱、声音强度和语音质量等。这些特征对于语音识别、情感分析、说话人识别等任务非常重要。

声学信号处理:声学信号处理涉及音频数字信号处理方法,主要是进行降噪、音频增强、音频压缩和音频编解码等处理。

说话人识别：说话人识别技术用于识别和验证特定的说话人。在安全认证、电话银行等领域发挥重要作用。

语音处理技术在以下领域都有广泛的应用：

人机交互：语音识别和语音合成技术使得计算机能够与人类进行自然语音交互。这在智能助手、智能家居控制、汽车信息娱乐系统等领域得到应用。

医疗保健：语音识别用于医学文档的转录，提高了医生和护士的工作效率。此外，语音合成对视力受损患者具有辅助作用。

教育：语音识别技术可用于语言学习，提供发音指导和语音评估。

无障碍技术：语音处理技术有助于视力受损和运动受限人士与计算机和设备进行无障碍交互。

安全和认证：说话人识别技术可用于声纹识别和身份验证，增强了安全性。

娱乐和游戏：语音合成技术用于电子游戏、虚拟现实和娱乐，可提供更具沉浸感的体验。

随着科学的不断发展，语音处理技术也在不断演进。以下是其未来发展趋势：

深度学习：深度学习技术已经在语音处理方面取得显著的突破，未来将继续提升语音识别和语音合成的性能。

多语言支持：语音处理技术将更广泛地支持不同语言和方言解决方案，为全球用户提供更好的体验。

自然语言理解：与语音识别结合的自然语言理解技术将使计算机能够更好地理解和回应复杂的语言输入。

声纹识别：声纹识别技术将在金融、医疗保健和安全领域得到更广泛的应用。

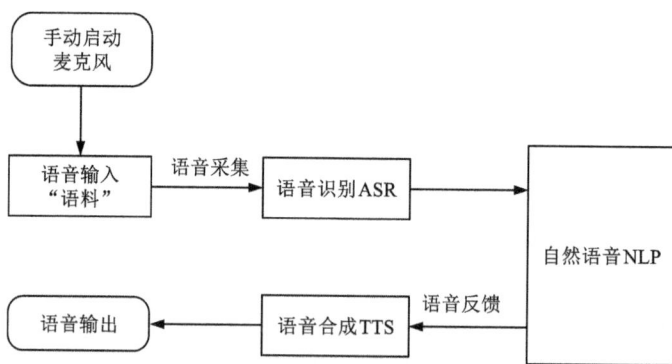

图 6.1　语音处理技术关键环节

个性化体验：语音处理技术将更好地支持个性化体验，如个性化的虚拟助手和定制化的语音合成。

总的来说，语音处理技术在改善人机交互、提高生产效率、促进无障碍通信等方面具有巨大潜力。未来的发展将继续推动这一领域的创新，为我们的日常生活带来更多便利和可能性。

6.2　语音识别技术

6.2.1　语音信号的特点、表示

一、语音信号的特点

语音信号主要特点如下：

(1)语音信号的带宽约为 5 kHz，主要能量集中在低频段。

(2)语音信号总体为非平稳时变信号，一般认为是短时平稳(10~30 ms)信号。

(3)说话的声音主要分为清音和浊音。

浊音：发声时声带振动，语音信号在时域上有明显的周期性。

清音：发声时声带不振动。

特点：浊音的短时能量大，短时平均幅度大，短时过零率低。清音的短时能量小，短时平均幅度小，短时过零率高。

声音一般可分为清音和浊音，发浊音时，声带振动，语音信号在时域上有明显的周期性，这种声带振动的频率称为基音频率。基音周期的估计又叫基音检测。

二、常用语音特征参数

一般原始语音信号较为复杂，直接将其输入到神经网络中，计算复杂度较高且性能较差，因此需要对语音信号进行特征提取。

(1)短时过零率，即一帧语音信号波形穿过横轴的次数(图 6.2)。一般，高频语音过零率较高，低频语音过零率较低，故短时过零率是区分清音(多数能量集中在高频)和浊音(多数能量集中在低频)的有效参数。短时过零率定义为

$$Z_n = \frac{1}{2} \sum_{m=0}^{N-2} | \mathrm{sgn}[x_n(m)] - \mathrm{sgn}[x_n(m-1)] |$$

其中，$x_n(m)$ 表示短帧信号；N 表示帧长；$\mathrm{sgn}[\cdot]$ 表示符号函数。对一段语音信号分帧后求出其所有帧的短时过零率，如图 6.2 所示。

图 6.2 语音信号中某两帧的过零率如图 6.3 所示。

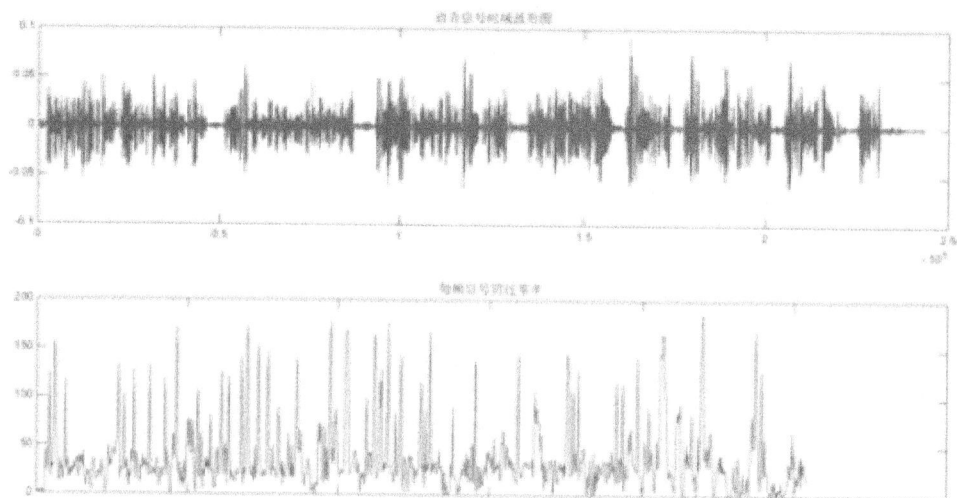

图 6.2 短时过零率

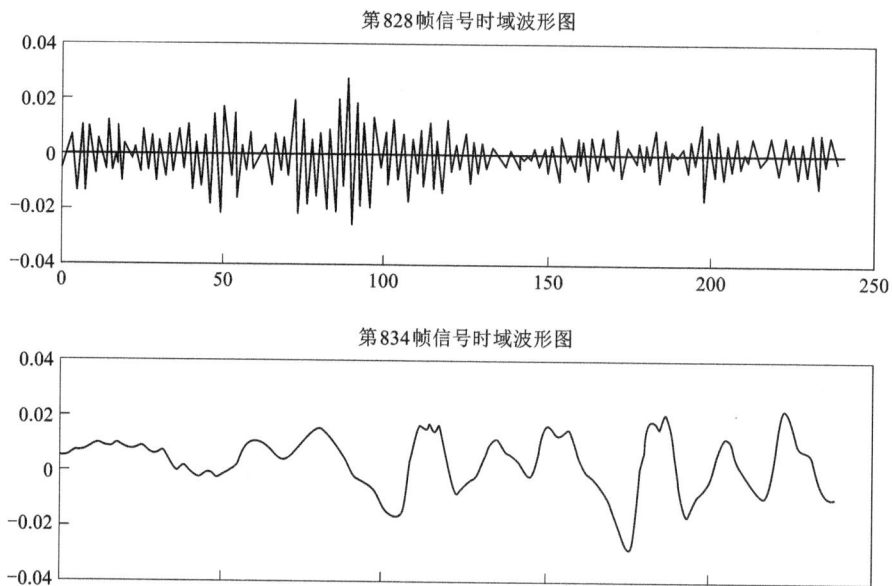

图 6.3 第 828、第 834 帧过零率

由图(6.3)可知,第 834 帧语音信号为浊音(过零率低),第 828 帧语音信号为清音(过零率高)。

(2)短时平均幅度,表示语音信号能量大小的特征,由于其包络与原始信号包络十分相似,因此常用于语音识别、语音活动检测(voice activity detection, VDA)判断等领域。定义如下：

$$M_n = \sum_{m=0}^{N-1} |xn(m)|$$

其中，$x_n(m)$ 表示短帧信号；N 表示帧长。图 6.4 是一段语音信号的短时平均幅度图如图 6.4 所示：

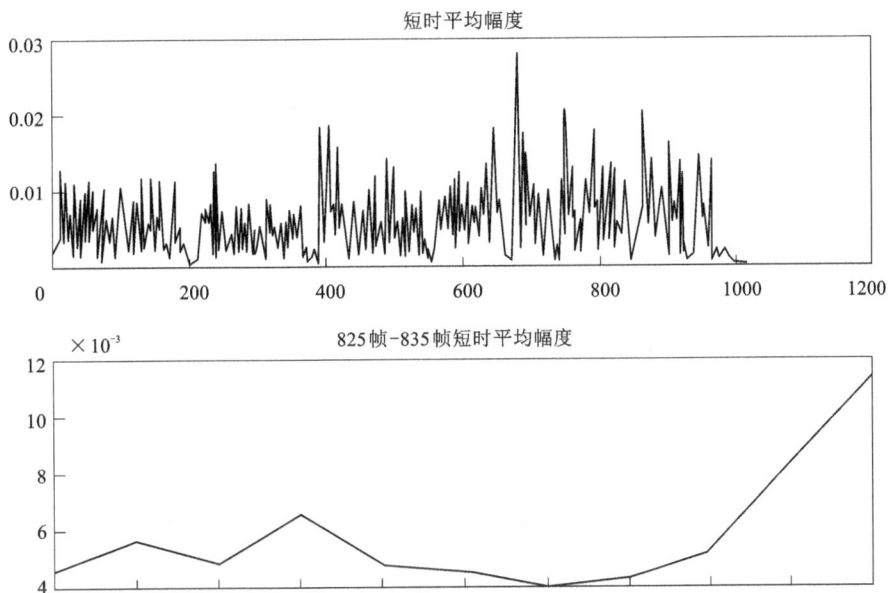

图 6.4　短时平均幅度

（3）基音周期，发浊音时，声带振动，语音信号在时域上有明显的周期性，声带振动频率称作基音频率，相应的周期称为基音周期，这一参数广泛被用在语音识别、说话人确认、语音合成、男女生辨别等领域。目前常用的基音检测方法可分为以下两大类。

基于事件检测方法，主要是通过对声门闭合时刻进行定位来估计基音周期，主要有小波变换法和希尔伯特变换法。

非基于事件的检测法，主要根据语音的短时平稳性，将语音分为短时语音段，然后对每一段进行求解。主要方法有：自相关函数法、平均幅度差函数法和倒谱法。

补充：男性的基音频率较低，其范围为 70~200 Hz；女性的基音频率为 200~450 Hz。

（4）共振峰频率，人说话时声带振动，产生准周期脉冲激励，当激励进入声道时，受声道模型的影响，会引起共振，产生一组共振频率，称作共振峰频率。目前，共振峰的常用检测方法有倒谱法、线性预测法。

（5）梅尔倒谱系数（MFFCC），人耳听到的声音高低与频率不成正比关系，人耳对 1000 Hz 以下的声音的感知能力与频率大致成线性关系，对 1000 Hz 以上的声音的感知能力与频率大致成对数关系。这是基于人耳听觉特性提出来的，它与 Hz 频率成非线性对应关系。*mel* 频率域尺度广泛用于情感识别、语音识别等领域（图 6.5）。频域转换到 *mel* 域的公式如式 6.1 所示。

$$Mel(f) = 2595(1+f/700) \tag{6.1}$$

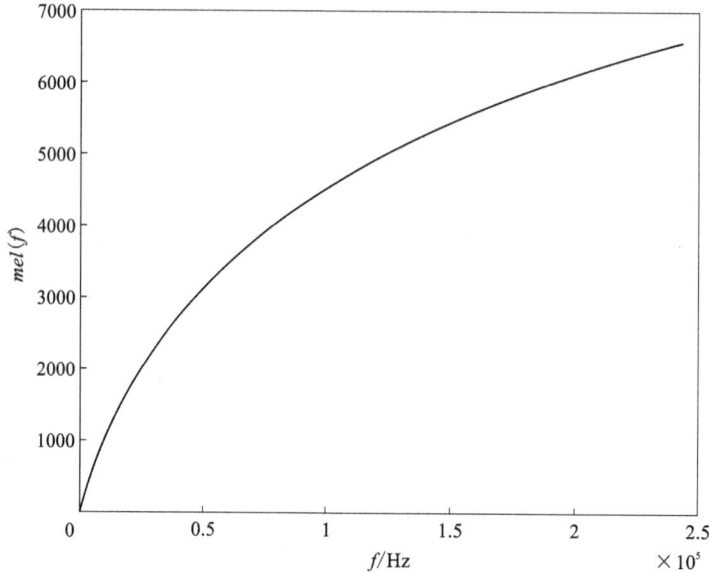

图 6.5 *mel* 域

6.2.2 自动语音识别（ASR）

一、概述

自动语音识别（ASR），也称为语音识别或语音转文本技术，是一种人工智能（AI）技术，用于将人类说话的语音信号转换为文本或计算机可识别的文本形式。ASR 技术的主要目标是理解和解释说话者的口语输入，并将其转化为可用于文本搜索、自然语言处理、命令执行等各种任务的文本数据。

语音识别系统本质上是一种模式识别系统，包括特征提取、模式匹配、参考模式库等 3 个基本单元，它的基本结构如图 6.6 所示。

我们首先对输入的语音进行预处理，然后提取语音的特征，在此基础上建立语音识别所需的模板。而计算机在识别过程中根据语音识别的模型，将计算机中存放的语音模板与输入的语音信号的特征进行比较，根据一定的搜索和匹配策略，找出一系列与输入语音匹

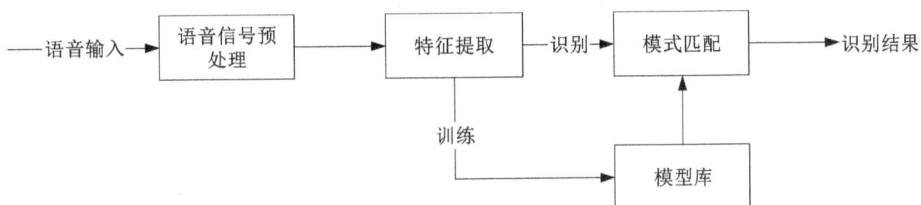

图 6.6　语音识别系统结构图

配的模板。然后根据此模板的定义,通过查表给出计算机的识别结果。显然,这种结果与特征的选择、语音模型的好坏、模板是否准确都有直接的关系。

　　语音识别系统构建整体上包括两大部分:训练和识别。训练通常是离线完成的,对预先收集好的海量语音、语言数据库进行信号处理和知识挖掘,获取语音识别系统所需要的"声学模型"和"语言模型";而识别过程通常是在线完成的,对用户实时的语音进行自动识别。识别过程通常又可以分为"前端"和"后端"两大模块:"前端"模块主要的作用是进行端点检测(去除多余的静音和非说话声)、降噪、特征提取等;"后端"模块的作用是利用训练好的"声学模型"和"语言模型"对用户说话的特征向量进行统计模式识别(又称"解码"),得到其包含的文字信息。此外,"后端"模块还存在一个"自适应"的反馈模块,可以对用户的语音进行自学习,从而对"声学模型"和"语言模型"进行必要的"校正",进一步提高识别的准确率。

二、识别步骤

　　我们知道声音实际上是一种波。常见的 mp3 等格式都是压缩格式,必须将其转成非压缩的纯波形文件来处理,比如 windows PCM 文件,也就是俗称的 wav 文件。wav 文件除存储了一个文件头以外,还存储了声音波形的一个个点。图 6.7 是一个波形的示例。

图 6.7　语音波形

　　其实语音识别的声音预处理与声纹识别的声音预处理有很大一部分是相似的,在开始语音识别之前,有时需要把首尾端的静音切除,降低对后续步骤造成的干扰。这个静音切除的操作一般称为 VAD。

　　对声音进行分析时,需要对声音分帧,也就是把声音切成一小段一小段,每小段称为一帧。分帧操作一般不是简单地切开,而是使用移动窗函数。帧与帧之间一般是有交叠的。分帧后,语音就变成了很多小段。但波形在时域上几乎没有描述能力,因此必须将波形进行变换。常见的一种变换方法是提取 MFCC 特征。至此，声音就成了一个 12 行(假设声学特征是 12 维)、N 列的矩阵，称之为观察序列，这里 N 为总帧数。

接下来就要把这个矩阵变成文本。这里要介绍两个概念:

音素:单词的发音由音素构成。英语，常用的音素集是卡内基梅隆大学的一套由 39 个音素构成的音素集，参见 *The CMU Pronouncing Dictionary*。汉语一般直接将全部声母和韵母作为音素集，另外汉语识别还分有调、无调等。

状态:这里理解成比音素更细致的语音单位。

图 6.8 为 ASR 语言识别工作流程。

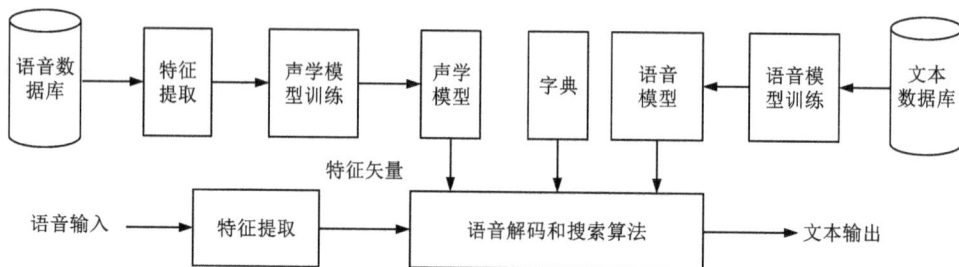

图 6.8 ASR 语音识别的工作流程

6.2.3 语音识别的模型和方法

一、隐马尔可夫模型(HMM)

HMM 是基于马尔可夫链(Markov chain)的扩充。马尔可夫链是一个模型，它告诉我们一些关于随机变量、状态的序列概率，每个概率都可以从某个集合中取值。这些集合可以是单词、标记或代表任何事物的符号，比如天气。马尔可夫链给出了一个非常有力的假设:如果我们想要预测序列中的未来，最重要的是当前的状态。除非通过当前状态，否则当前状态之前的状态对未来没有影响。这就好像为了预测明天的天气，你可以查看今天的天气，但却不允许查看昨天的天气。

图 6.9(a)显示了为一系列天气事件分配概率的马尔可夫链，其中词汇由 hot、cold 和 warm 组成。状态表示为图中的节点，过渡及其概率表示为边。转移是概率:离开给定状态的弧线的值总和必须为 1。图 6.9(b)显示了为单词序列 $w...w$ 分配概率的马尔可夫链。这个马尔可夫链应该很熟悉;事实上，它代表了一个二元语法语言模型，每条边表示概率 $p(wlw)$!给定图 6.9 中的两个模型，我们可以从我们的词汇表中给任何序列分配一个概率。

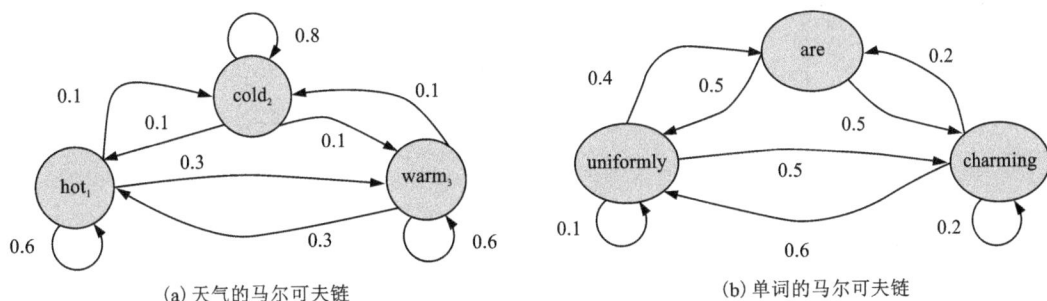

(a) 天气的马尔可夫链　　　　　　　　　　　　　(b) 单词的马尔可夫链

显示状态和转移。需要一个起始分布 Π；对于(a)，设置 $\Pi = [0.1, 0.7, 0.2]$ 意味着从状态 2(hot) 开始的概率是 0.7，从状态 1(hot) 开始的概率是 0.1，等。

图 6.9　马尔可夫链

当我们需要计算一系列可观察事件的概率时，马尔可夫链是有用的。然而，在许多情况下，我们感兴趣的事件是隐藏的(hidden)：我们不能直接观察它们。例如，我们通常不会在文本中观察到隐藏的词类标记。相反，我们看到单词，必须从单词序列推断标记。我们称这些标记是隐藏的，因为它们观察不到。

隐马尔可夫模型(HMM)允许我们讨论观察到的事件(如我们在输入中看到的单词)和隐藏事件(如词类标签)，我们认为它们是概率模型中的因果因素。

HMM 由表 6.1 中的组件指定。

表 6.1　HMM 组件

$Q = q_1 q_2 q_3 \cdots q_N$	N 个状态的集合
$A = a_{11} \ldots a_{ij} \ldots a_{nn}$	转移概率矩阵 $\boldsymbol{A}$，每个 a_{ij} 代表从状态 i 移动到状态 j 的概率，满足：$\sum_{i=1}^{n} a_{ij} = 1$
$0 = o_1 o_2 \cdots o_T$	一系列 T 个观察，每个观察都来自词汇表 $V = v_1, v_2, \cdots, v_v$
$B = bi(o_T)$	一系列观察似然度，也称为发射概率，每个都表示从状态 i 生成观察 o_T 的概率
$\Pi = \Pi_1, \Pi_2, \cdots, \Pi_N$	状态上的初始概率分布。Π_i 对是马尔可夫链从状态 i 开始的概率。一些状态可能有对 $\Pi_j = 0$，这意味着它们不可能是初始状态。此外，$\sum_{i=1}^{n} \Pi_i = 1$

二、HMM 标记器的成分

隐马尔可夫模型(hidden markov model，HMM)标记器是自然语言处理系统中常用的一种序列标记技术,用于给定一个输入序列分配标签。在 HMM 标记器中,有几个关键成分和概念,它们共同构成了这一模型的基本要素。以下是 HMM 标记器的主要成分。

状态空间(state space):HMM 标记器中的状态空间表示可能的标签或标记集合。每个状态对应一个标签,例如,在词性标注任务中,状态空间可以包含各种词性标签,如名词、动词、形容词等。

观察序列(observation sequence):观察序列是输入序列,它是需要进行标记的文本或数据。在自然语言处理系统中,观察序列通常是一个文本句子或文档的词汇序列。

状态转移概率(state transition probabilities):HMM 定义了从一个状态(标签)转移到另一个状态的概率。这些概率表示了在标签序列中相邻标签之间的关系。通常,这些概率可以通过训练模型来估计,以便更好地适应特定任务的数据。

观察概率(observation probabilities):观察概率表示在给定状态下观察到特定观察值(词汇)的概率。在自然语言处理中,这些概率通常对应于单词在不同标签下出现的概率。这些概率也可以通过训练来估计。

初始状态概率(initial state probabilities):初始状态概率表示在标签序列的开始位置选择某个标签的概率。它定义了标签序列的起始点。

HMM 标记器的主要目标是找到给定观察序列的最佳标签序列,以最大化给定观察序列的条件概率。可通过使用维特比算法或前向后向算法来实现。

HMM 标记器在自然语言处理任务中有广泛的应用,包括词性标注、命名实体识别、语音识别、手写识别等。通过训练不同领域的 HMM 模型,可以帮助计算机理解和处理文本或序列数据,从而支持各种文本处理任务。

图 6.10 为 HMM 表示的两个部分。

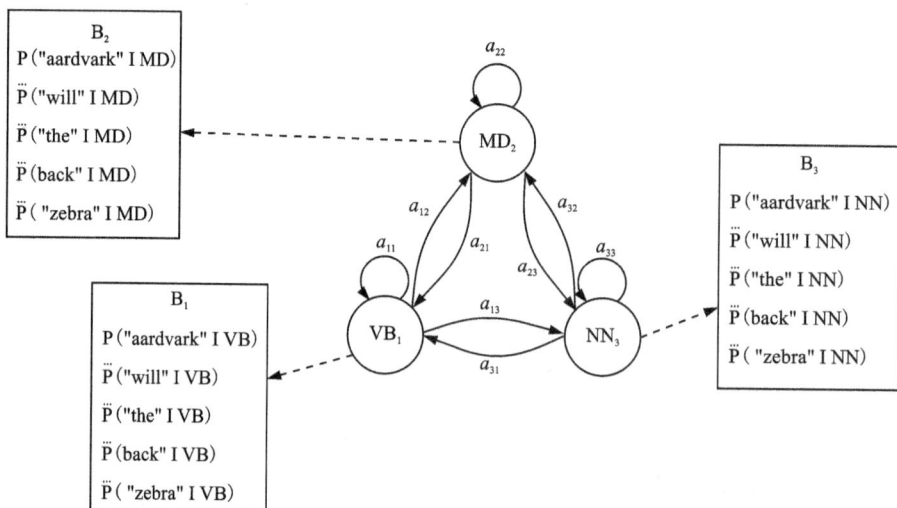

图 6.10　HMM 表示的两个部分

三、维特比(Viterbi)算法

维特比算法(Viterbi algorithm)是一种动态规划算法,通常用于解决在隐马尔可夫模型(hidden markov model,HMM)或类似的概率图模型中寻找最有可能的隐藏状态序列的问题。该算法最初由美国工程师 Andrew Viterbi 于 1967 年开发,主要应用于数字通信领域,后来广泛应用于自然语言处理、语音识别、生物信息学等领域。

维特比算法的主要目标是在给定观察序列的情况下,找到最可能的隐藏状态序列,即具有最大概率的状态序列。在 HMM 中,其通常用于诸如词性标注、语音识别、语音合成和其他序列标记问题。该算法的核心思想是使用动态规划来计算局部最优解,然后回溯以找到全局最优解。

以下是维特比算法的基本步骤:

(1)初始化:在 HMM 中,该算法首先初始化一个矩阵(通常称为维特比矩阵),用于存储中间结果。这个矩阵的行表示每个可能的隐藏状态,列表示观察序列中的每个位置。同时,还需初始化一个回溯矩阵,用于记录最佳路径的回溯信息。

(2)递推步骤:维特比算法使用递推的方式填充维特比矩阵。对于观察序列中的每个位置,算法计算每个隐藏状态的最大概率,同时记录在该位置达到这个最大概率的前一个隐藏状态。这一步骤是通过考虑前一步骤的最大概率状态以及状态转移概率和观察概率来完成的。

(3)终止:在观察序列的最后一个位置,维特比算法找到具有最大概率的隐藏状态,并将其作为最终的标记结果。

(4)回溯:通过回溯矩阵,算法可以从最终位置反向跟踪到观察序列的开始,找到最佳路径上的所有隐藏状态。

(5)输出:维特比算法最终输出找到的最佳隐藏状态序列,这是在给定观察序列的情况下具有最大概率的标签序列。

维特比算法在处理 HMM 和相关模型中的序列标记问题时非常有效,它能够找到全局最优解,并且计算复杂度通常是线性的。因此,它在自然语言处理、语音识别、生物信息学等领域的应用非常广泛。

HMM 的解码算法如下。

```
function VITERBI(observations of len T, state-graph of len N) returns best-path, path-prob
create a path probability matrix viterbi[N, T]
    for each state s from 1 to N do              ; initialization step
        viterbi[s, 1] ← π_s * b_s(o_1)
        backpointer[s, 1] ← 0
    for each time step t from 2 to T do          ; recursion step
      for each state s from 1 to N do
        viterbi[s, t] ← max_{s'=1}^{N} viterbi[s', t-1] * a_{s',s} * b_s(o_t)
        backpointer[s, t] ← argmax_{s'=1}^{N} viterbi[s', t-1] * a_{s',s} * b_s(o_t)
    bestpathprob ← max_{s=1}^{N} viterbi[s, T]   ; termination step
    bestpathpointer ← argmax_{s=1}^{N} viterbi[s, T]   ; termination step
    bestpath ← the path starting at state bestpathpointer, that follows backpointer[] to states back in time
    return bestpath, bestpathprob
```

6.3　语音合成技术

6.3.1　传统语音合成系统

一、总体框架

前端模块通常采用 NLP(自然语言处理)提取文本的语言学特征。

后端模块一般分为基于统计参数建模的语音合成(statistical parameter speech synthesis, SPSS, 以下简称参数合成)和基于单元挑选和波形拼接的语音合成(以下简称拼接合成)两条技术主线。

参数合成:在训练阶段对语音声学特征、时长信息进行上下文相关建模,在合成阶段通过时长模型和声学模型预测声学特征参数,对声学特征参数做后处理,最终通过声码器恢复语音波形。(优点:音库较小时,有比较稳定的合成效果。缺点:统计建模带来的声学特征参数过于平滑,且声码器对音质会有损伤。)

拼接合成:通常也会用到统计模型来指导单元挑选,训练阶段与参数合成基本相同。在合成阶段通过模型计算代价来指导单元挑选,采用动态规划算法选出最优单元序列,再对选出的单元进行能量规整和波形拼接。(优点：可直接使用真实语音片段，最大限度地保留语音音质。缺点：需要。音库较大，无法保证领域外文本的合成效果。)

语音合成系统框架图如图 6.11 所示。

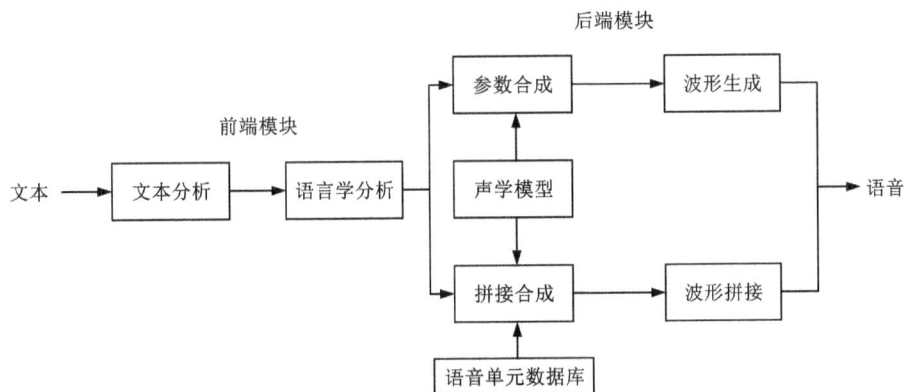

图 6.11　语音合成系统框架图

二、基于统计参数的语音合成

首先利用特征提取器从文本中抽取语言学特征，然后统计生成模型(也称声学模型)，从语言学特征中生成声学特征。之后另一个系统利用声学特征重建语音波形(这种系统被称作声码器)(图 6.12)。

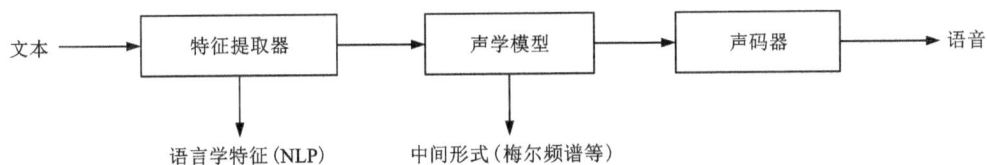

图 6.12　语音合成系统流程图

特征提取器的主要作业是生成语言学特征，以帮助声学模型生成更为准确的声学特征。

声学模型无法直接产生语音波形，其主要原因是，语音非常复杂且难以建模。因此声学模型一般输出梅尔频谱等中间形式，然后再由声码器根据中间形式表示语音。

声码器通过梅尔频谱等声学特征生成音频，需要将低维的声学特征映射到高维的语音波形，计算复杂度较高，因此波形恢复过程是语音合成系统提升效率的关键步骤之一。另外，由于声码器需要学习预测的信息量较大，因而也限制了最终的语音质量。

三、基于深度学习的语音合成

文本预处理：为中文文本添加韵律信息，并将汉字转化为注音序列。

声学特征生成网络：根据文本前端输出的信息产生声学特征，如将注音序列映射到梅尔频谱或线性谱。

声码器：利用频谱等声学特征，生成语音样本点并重建时域波形，如将梅尔频谱恢复为对应的语音。

图 6.3 为深度学习语音合成框架图。

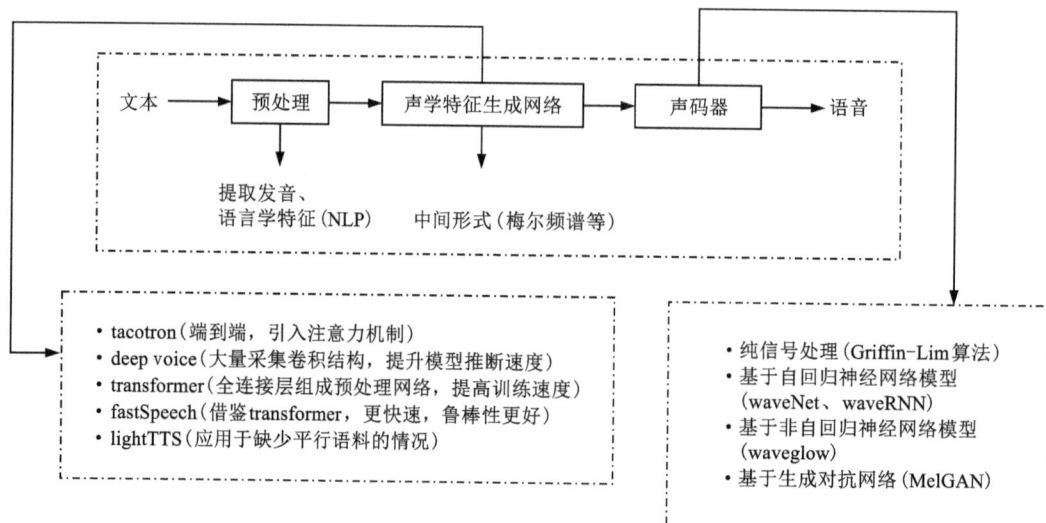

图 6.13　深度学习语音合成框架图

1. tacotron

真正意义上的端到端语音合成系统，输入文本(或注音字符)，输出语音。

优势：减少特征工程，只需输入注音字符(或文本)，即可输出声音波形，所有特征模型自行学习；方便各种条件的添加，如语种、音色、情感等；避免多模块误差累积。

缺陷：模型除错难，人为干预能力差，对于部分文本发音出错，很难人为纠正；端到端不彻底，tacotron 实际输出梅尔频谱(Mel-spectrum)，之后再利用 Griffin-Lim 这样的声码器将其转化为最终的语音波形，而 Griffin-Lim 造成了音质瓶颈。

2. deep voice

将传统参数合成的 TTS 系统分拆成多个子模块，每个子模块用一个神经网络模型代替。deep voice 将语音合成分成 5 部分进行,分别为:文本转音素(又称语素转音素,G2P)、音频切分、音素时长预测、基频预测、声学模型。

文本转音素:deep voice 直接输入文本即可,但是由于不同语言存在"同字不同音"的现象,因此需要将文本转化为注音字符。对于中文而言,就是将汉字转化为拼音。

音频切分:获得每个音素在对应音频中的起点和终点。使用 deep speech 2:end-to-end speech recognition in English and Mandarin 的对齐方法,这些对齐信息用于训练后面的"音素时长预测"模型。

音素时长预测和基频预测为多任务模型,输入带有重音标注的音素序列,输出为音素时长、是否发音的概率和基频。

声学模型即后文的"声码器"(vocoder)。用于将前面得到的高层特征转换为声音波形。deep voice 的声学模型即是在前文的 WaveNet 基础上改进的。改进的主要方向是,改变网络层数、残差通道数、矩阵乘代替上采样卷积、CPU 优化、GPU 优化等。

优势:提供了完整的 TTS 解决方案,不像 waveNet 需要依赖其他模块提供特征,使用的人工特征也减少了;合成速度快,实时性好。

缺陷:误差累积,5 个子模块的误差会累积,一个模块出错,整个合成失败,开发和调试难度大;虽然减少使用了人工特征,但在这个完整的解决方案中,仍然需要使用音素标记、重音标记等特征;直接使用文本输入,不能很好地解决多音字问题。

3. deep voice2

上文 deep voice 的升级版,引入了"说话人"向量,能够合成多种音色的语音。

对 deep voice 的改进:

音频切分模块和上代结构不变,但加入了 batch normalizaiton 和残差连接,对原始音频做平滑归一化处理,固定阈值来确定是否为静音音素。

deep voice 使用一个模型同时预测音素时长和基频,而 deep voice2 分拆成两个模型。音素时长预测看作是序列标准问题,将连续时长离散化,模型为 neural architectures for named entity recognition。基频预测使用时长和音素作为输入,只输出发音概率和基频(deep voice 还输出音素时长)。动机:联合预测还是独立预测,取决于任务之间是否相互促进,存在共同点,因为音素时长和发音概率 & 基频关联不大,所以分拆。连续时长离散化的理由在于音素时长不需要十分精准,音素边界存在 10~30 ms 的扰动对合成音质无影响,而离散化后更容易处理。

声学模型采用继续改进后的 WaveNet 增加"说话人"支持:在 encoder、decoder 和 vocoder 3 处添加说话人信息,说话人信息是自动从语音数据中学习到的一个 16 维向量。

音频切分模块:激活函数之前,说话人向量和 batch normalization 的结果做点乘。

音素时长预测模块:使用说话人向量初始化 RNN,并和输入做拼接。

4. transformer

模型主体仍是原始的 transformer 结构，在输入阶段和输出阶段做了一些改变。在编码器的输入阶段，首先把文本转化为音素，对音素进行词嵌入，然后进入编码器预处理网络。编码器的预处理网络主要由 3 个卷积层组成，之后预处理网络的输出就会被送入 transformer 前馈网络。

优势：训练速度大大提高，快了 2~3 倍。

缺点：实践上，有些 rnn 轻易可以解决的问题 transformer 没做到，比如复制 string，或者推理时碰到的 sequence 长度比训练时更长。

5. fast speech

微软提出的快速、鲁棒的语音合成方案，借鉴了 transformer。

优势：并行合成梅尔频谱，极大地加速了声学特征的生成；删除了注意力机制，避免注意力机制无法对齐的问题；

LightTTS 主要是为了在缺少平行语料的情况下，实现语音合成系统。

6.3.2　语音合成器

语音合成器是一种人工智能技术，用于将文本转化为计算机生成的与人类类似的语音。这种技术使计算机能够以声音的形式表达书写文本，从而获得自然语音交流的能力。语音合成器也被称为文本到语音(TTS)系统，它在多个应用领域中发挥了重要作用，包括无障碍技术、虚拟助手、娱乐和教育等领域。

一、声码器(vocoder)的作用

神经语音合成主要分为：

从文本中预测低分辨率表示，例如梅尔谱图或语言特征。

从低分辨率表示中预测原始波形音频。

一些常见的 deep voice，tacotron，fastspeech 的语音合成(TTS)模型是输入文本生成语音的过程，而声码器(vocoder)是为了从原本的音频(.wav)转换为梅尔频谱图(mel-spectrogram)

为了在频域分析音频，可以执行短时傅里叶变换(STFT)来提取与频率分量相对应的特征点。其中，梅尔谱图可以通过使用与幅度分量对应的幅度值应用梅尔滤波器组并转换为梅尔尺度来获得。事实上，如果频率分量的幅度和相位值已知，STFT 变换可以进行逆变换，因此可以在不丢失信息的情况下恢复原始语音。然而，对于通常预测和学习梅尔谱

图的 TTS 模型来说，只能找到频率分量的幅度信息，要预测原始语音，必须预测相位信息，并且必须预测原始语音。基于此声码器执行此功能。

二、声码器的几种方法

声码器作为语音合成的重要组成部分，是人们长期研究的方向。目前主流声码器主要包含以下 4 种：①纯信号处理的参数声码器；②基于自回归神经网络构建的声码器；③基于非自回归神经网络构建的声码器；④基于对抗神经网络构建的声码器。本文先对前 3 种方法分别进行简单介绍。

1. 纯信号处理方法

基于传统信号处理算法的参数声码器是利用传统数学建模或逆变换将声学特征解码为波形的过程。最初的基于信号处理算法的声码器的输入特征是短时傅里叶变换（STFT）后的幅度谱，然后基于逆傅里叶变换重新生成波形。由于幅度谱缺失相位信息，直接进行逆傅立叶变化并不能得到原波形。早期人们设计了一种迭代算法通过修正 STFT 幅度估算原波形。该迭代算法在初始时先随机初始化一个相位谱，用相位谱和输入的幅度谱经过逆傅立叶变换（ISTFT）合成波形，然后改合成波形重新进行 STFT 得到新的幅度谱和相位谱，用新的相位谱和输入的幅度谱再次进行 ISTFT 变换合成波形。经过多次迭代，每次迭代减少了生成波形的 STFT 幅度和修正后的 STFT 幅度之间的均方误差，逐步合成具有一定听感的波形。该迭代算法需要进行大量的迭代计算，计算量较大且相位信息存在多种可能，且迭代只能生成具有一定规律的相位谱，使得该算法合成的波形会产生一种空灵声，缺少复杂的细节信息。在此基础上，更复杂的声学特征被运用到声码器中，具有增强的参数修改功能和相对高质量的参数声码器 world 被提出和不断研究。

world 是一种基于 vocoder 的参数合成方法，是通过基频 F0（fundamental frequency）、频谱包络（spectral envelope）、非周期信号参数（aperiodic parameter）等与语音信号相关的参数信息来合成原始语音的。它包含 3 个模块，具体结构如图 6.14 所示。

其中 DIO 的作用是用来估计一段波形的 fundamental frequency（简称 F0），cheap trick 算法是根据波形和 F0 来计算 spectral envelope，PLATINUM 算法是基于波形、F0 和 spectral envelope 来计算 aperiodic parameter。得到上述 3 个声学参数，world 声码器可以根据 F0、spectral envelope、aperiodic 3 个参数将最小相谱与激励信号进行卷积合成一段语音。因此，在歌声合成研究中，会通过深度学习技术学习到一段文本所对应的这 3 个特征，然后借助 WORLD 合成为语音。

WORLD 声码器是传统信号处理算法中较为成熟的一种参数声码器，其在真实声学特征参数下可以较好地还原高质量的波形，且使用计算复杂度更低的算法，大大减少了计算所需的时间，因此早期在工业界有着广泛的应用。但是随着人们对合成音质的要求越来越

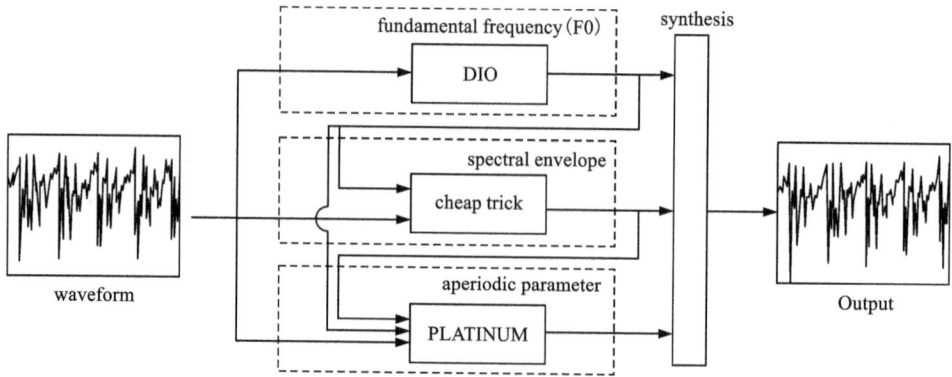

图 6.14 WORLD 声码器结构示意图

高, WORLD 声码器的合成效果受到人们治病, 其严重依赖声学特征参数预测的准确性, 而往往声学特征参数的预测存在一定的误差, 这便大大降低了最终的合成音质。

2. 自回归神经网络

随着深度学习算法的推广, 深度学习算法被应用到声码器中。其中最具有历史意义也是最早提出的基于自回归神经网络的声码器 waveNet, 被众多人所研究和关注。waveNet 是一种完全概率和自回归模型, 每个音频样本的预测分布均以所有先前样本为条件, 可以直接学习到采样值序列的映射, 因此具有很好的合成效果。

waveNet 声码器是一种直接在原始音频波形上运行的新的生成模型。波形的联合概率分布 $x=x_1, x_2, x_3, \cdots, x_t x=x_1, x_2, x_3, \cdots, x_t$ 被分解为条件概率的乘积, 第 t 个采样点的概率可以根据前 $t-1$ 个采样点的预测得到, 因此可以用来预测语音中的采样点数值。其基本公式为:

$$P(x) = \prod_{t=1}^{T} p[x_t \mid x_1, x_2, x_3, \ldots, x(t-1)]$$

WaveNet 声码器模型结构的主要构件是膨胀因果卷积网络 (dilated casual convolutions), 每个卷积层都对前一层进行卷积, 卷积核越大, 层数越多, 时域上的感知能力越强, 感知范围越大。

WaveNet 声码器在输出层使用 softmax 求取每个采样点的概率, 把采样值的预测作为分类任务进行。由于 16 位的采样点有 65536 种采样结果, 需要对采样值进行转换, 将 65536 种采样值转换成 256 种, 实验证明该转换方法没有对原始音频造成明显损失。转换公式为:

$$f(xt) = \mathrm{sign}(xt) \ln(1+\mu \mid x \mid) / \ln(1+\mu)$$

其中, $-1<xt<1$; $\mu=255$。与简单的线性量化方案相比, 这种非线性量化方案产生的重建效

果明显更好，量化后的重建信号听起来与原始信号非常相似。WaveNet 声码器虽然在歌声合成效果上可以达到令人接受的效果，但其模型需要堆叠多层膨胀因果卷积来提升合成效果，因而其计算量大，无法实时合成声音，导致其无法实现工业应用。

为了保证合成效果，减少模型的计算量后来人们在此基础上提出了 WaveRNN 声码器，其修改点：①将堆叠多层的膨胀因果卷积替换为单层 GRU 结构。②应用矩阵稀疏化技术来减少 waveRNN 模型中的权重数量。③将长波形折叠成短波形，然后并行生成。这些改进措施在一定程度上加快了 WaveNet 的计算速度，使其在 CPU 部署成为可能。

3. 非自回归神经网络

由于自回归神经网络声码器在工业应用中受到种种限制，人们开始逐步研究非自回归结构的神经网络声码器。近年，人们提出了很多关于非自回归结构的神经网络声码器，这些声码器计算速度通常比自回归模型快几个数量级，因为它们具有高度可并行性的网络结构，并且充分利用了现代深度学习的硬件（GPU 和 TPU）。现阶段有两种不同的方法来训练这些模型：①将经过训练的自回归结构的声码器蒸馏成基于卷积的非自回归结构的声码器。②基于流式的生成模型 waveGlow。这两种方法都在非自回归神经网络声码器发展上做出了贡献。其中第一种训练方法较为复杂，比自回归结构的声码器更加难以训练和实施。例如声码器 parallel wavenet 和 clarinet 的训练需要两个网络，一个教师网络和一个学生网络，其中教师网络是自回归的结构，学生网络是非自回归的结构。通常需要训练教师网络和学生网络，以让学生网络合成效果无限逼近教师网络，但通常难以成功地训练这些网络使其收敛，因此这种方法难以复制和部署。

第二种方法是结合了 glow 和 waveNet 的想法提出的 wave glow 模型，glow 是一种流式生成模型，可以从简单分布中获取采样点来生成真实样本点。这是一种比较独特的生成模型，它直接将生成模型的概率计算出来，即把分布转换的积分式直接计算出来。glow 模型训练过程如图 6.15 所示。

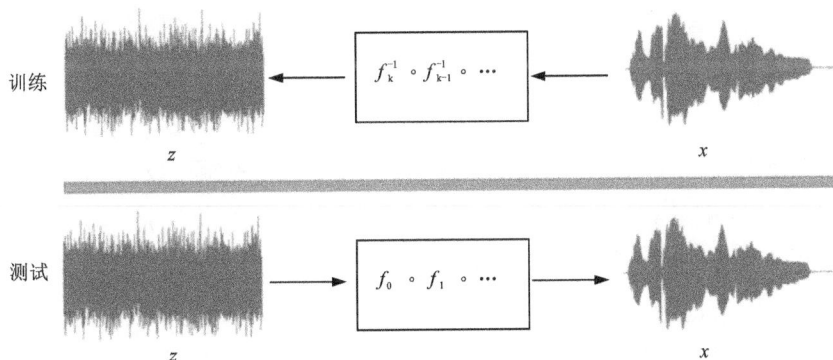

图 6.15 glow 模型训练过程

训练时,先从数据真实分布中采样出 x,然后去训练 f_k^{-1},使得通过 f_k^{-1} 生成的 $z=f_k^{-1}(x)$ 满足特定的先验分布;接下来在测试时,从高斯分布中采样出 z,通过 f_k 生成的样本就是新的生成音频。

wave glow 将神经网络用作生成模型 f_k^{-1},先从高斯分布中获取样本 z,输入的样本维度具有与所需输出音频相同的维数。然后将这些样本输入到由一系列神经网络堆叠构成的多层生成模型 $f_0, f_1, \cdots f_k$ 中。最后生成以梅尔谱图为条件的音频样本的分布。其中 wave glow 的模型结构由 12 个耦合层和 12 个可逆 1×1 卷积组成,每个耦合层由 8 层膨胀卷积的堆栈组成(图 6.16)。

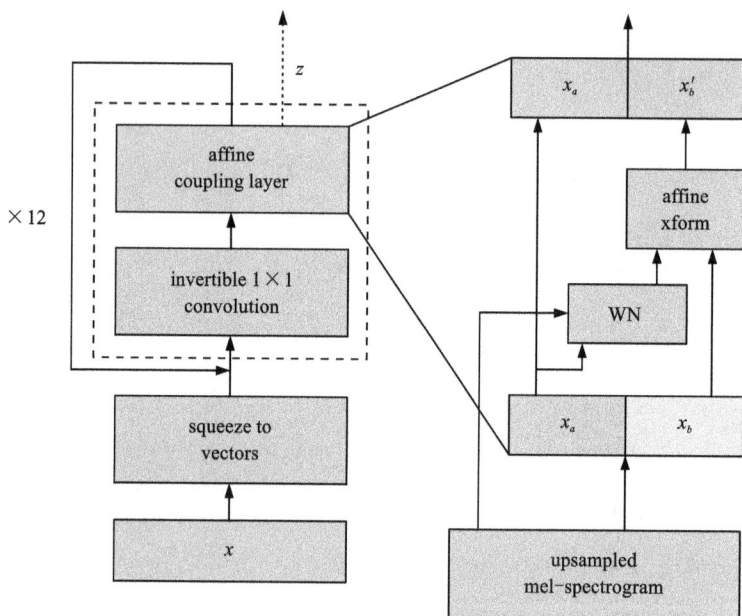

图 6.16 wave glow 模型网络结构

6.4 小结

语音处理技术是一门涉及声音信号分析、合成和处理的跨学科技术。它的发展改变了人机交互方式,使得计算机能够理解、生成可与人类进行自然交流的语音。

这门技术已经对我们的生活产生了深远的影响,它涵盖了多个应用领域,包括语音识别、语音合成、语音分析、语音处理和声音增强等。语音处理技术使得用户能够通过口头语言与计算机和智能设备进行沟通。这种自然的交互方式在无障碍通信、个性化体验和多语言支持等方面具有巨大潜力。语音处理技术的关键成分包括语音识别(它将口语语音转化为文本形式)、语音合成(计算机生成的语音)、声音分析(提取语音信号的特征),以及声学信号处理(音频数字信号处理方法)。这些技术在各个领域都有广泛的应用。语音识别用于语音助手、自动字幕生成、语音搜索等方面。语音合成用于虚拟助手、无障碍辅助技术、娱乐和教育中。声音分析对于语音识别、情感分析和说话人识别等任务非常重要。声学信号处理用于音频降噪、音频增强和音频编解码等领域。未来,随着深度学习技术的发展,语音处理技术将不断进步。深度学习模型已经在语音识别和语音合成方面取得了显著的突破。多语言支持、自然语言理解和声纹识别等技术的进一步发展也将推动语音处理技术不断演进。

　　总的来说,语音处理技术在改善人机交互、提高生产效率、促进无障碍通信等方面具有巨大潜力。未来的发展将继续推动这一领域的创新,为我们的日常生活带来更多便利和可能性。

图书在版编目（CIP）数据

人工智能导论 / 宾峰，袁超主编. — 长沙：中南
大学出版社，2024.10
　　ISBN 978-7-5487-5835-8

　Ⅰ. ①人… Ⅱ. ①宾… ②袁… Ⅲ. ①人工智能
Ⅳ. ①TP18

　　中国国家版本馆 CIP 数据核字（2024）第 090319 号

人工智能导论
RENGONG ZHINENG DAOLUN

宾峰　袁超　主编

□出 版 人	林绵优	
□责任编辑	潘庆琳	
□责任印制	李月腾	
□出版发行	中南大学出版社	
	社址：长沙市麓山南路	邮编：410083
	发行科电话：0731-88876770	传真：0731-88710482
□印　　装	广东虎彩云印刷有限公司	

□开　　本	787 mm×1092 mm　1/16	□印张 9.25　□字数 198 千字
□版　　次	2024 年 10 月第 1 版	□印次 2024 年 10 月第 1 次印刷
□书　　号	ISBN 978-7-5487-5835-8	
□定　　价	68.00 元